Die
Ueberschwemmungen an der Unterelbe im Frühjahr 1888.

Auf Grund örtlicher Ermittelungen dargestellt

von

von Binzer.

Mit einer Karte.

HAMBURG:

L. Friederichsen & Co.

1889.

Inhaltsverzeichniss.

Einleitung.

Ein Blick auf die Strömungskarte des Niederungsgebietes zwischen Lenzen und Boizenburg lässt uns sofort erkennen, dass hier nichts Geringeres vor sich gegangen ist, als eine Wiedereroberung des uralten Strombettes der Elbe durch das Wasser, welches man im Laufe von Jahrhunderten in ein verhältnissmässig schmales Bett eingeengt hat.

Die Grenzen des ursprünglichen Flussgebietes sind deutlich durch die Bodenerhebungen und Höhenzüge erkennbar, welche zum Theil noch gegenwärtig die Ufer des Flusses ausmachen, zum Theil aber die demselben abgerungenen Gebiete einrahmen. Während die alten Flussufer bei Lenzen etwa 4000 Meter von einander getrennt liegen und hier also ein verhältnissmässig enges Eingangsthor bilden, entfernen sie sich weiter unterhalb mehr und bis zu etwa zwei geographischen Meilen von einander, aber die weite Niederung zwischen denselben ist durch zwei langgestreckte Höhenzüge unterbrochen, welche ehedem Inseln waren, nämlich durch die schmale Dünenkette zwischen Polz und Klein Schmölen, welche bei der vorjährigen Ueberschwemmung wiederum wie im Jahre 1805, eine so merkwürdige Rolle gespielt hat, und durch die grosse Carrenziener Forst, welche sich von Tripkau bis nach Dellien erstreckt und in einer Länge von etwa 2½ geographischen Meilen das Niederungsgebiet nördlich der Elbe in zwei Abschnitte zerlegt.

Der Einfluss, den die wahrscheinlich schon vor dem elften Jahrhundert in Angriff genommenen Eindeichungsarbeiten, durch welche die allmähliche Trockenlegung des alten Strombettes und die Zurückdrängung der Flussufer bewirkt wurde, auf den Lauf der Nebenflüsse der Elbe gehabt haben, ist natürlich ein tief eingreifender gewesen.

Die Löcknitz, welche vor Zeiten bei Gadow, etwa 1½ Meilen östlich von Lenzen, in die Elbe eingefallen ist, hat seitdem ihren nordsüdlichen Lauf bis nach Bernheide verlängert, dann aber, da sie durch vorgelegte Deiche von ersterer abgeschnitten worden ist, hat sie sich westlich gewendet und ein neues Flussbett geschaffen, welches in ohngefährer Richtung der Elbe, bis zum Fährhause zwischen Gaarz und Dömitz, die Niederung durchzieht und dort erst in die Elbe einmündet.

Die alte Elde, welche bei Moor, nordwestlich von Lenzen, in die Elbe einfiel, mündet gegenwärtig unweit Seedorf in die Löcknitz, und dies mag der Grund sein, dass letztere von dort ab auf den Karten zuweilen Elde genannt wird.

Die neue Elde, welche bei Dömitz in die Elbe einmündet, ist eigentlich ein Kanal, welcher unweit Eldena aus der alten Elde abzweigt. Bei den vorjährigen Ueberschwemmungen hat sie eine recht verhängnissvolle Rolle gespielt.

Die Rögnitz, welche in ältester Zeit, nach kurzem Laufe, in der Nähe von Woosmer in die Elbe geflossen ist, hat in Folge der Zurückdrängung dieser letzteren, gleich der Löcknitz, sich ein neues Flussbett bahnen müssen und durchzieht jetzt, in der Länge von etwa drei geographischen Meilen, die Niederung nördlich der grossen Carrenziener Forst, bis zu ihrer Einmündung in die Sude.

Dieselbe Rolle spielt, südlich der genannten Forst, die Krainke, welche unweit der ehemaligen Havekenburg — jetzt Försterei —, sehr nahe dem Flussbette der Rögnitz, in dem alten Strombette der Elbe ihren Anfang nimmt, südwestlich nach Tripkau läuft und über Neuhaus und nördlich um die Teldau herum, nach einem Laufe von beinahe 4 geographischen Meilen, unweit Timkenberg, in die Sude einmündet.

Die Sude selbst, welche früher bei Brömsenberg oder bei Quassel ausmündete, fällt jetzt erst bei Gothmann in die Elbe, und die Schaale, welche vormals bei Gülze oder schon bei Zahrensdorf in die Elbe einfiel, fällt jetzt in die Verlängerung der Sude ein, deren Nebenfluss sie also geworden ist.

Die Hochfluth im Frühjahr v. J. hatte alle diese Flüsse, soweit sie ihren Lauf im Niederungsgebiete haben, sämmtlich unter Wasser gesetzt, und die Elbe hatte die Alleinherrschaft über ihr vorgeschichtliches Gebiet zurückgewonnen. Und gleichwie hier, so hatte sie auch linksseitig die ganze Dannenberger Marsch von Langendorf bis Hitzacker wiedererobert, den untern Lauf der Jeetzel verdeckt und uns deren alte Mündung bei Liepe gezeigt.

Vergebens wird man bemüht sein, die Wasser der Elbe derartig im Zaum zu halten, dass sie nicht ab und zu in das ihr ursprünglich eigene Gebiet wieder eindringen; immer einmal wieder, wenn auch hoffentlich in langen Zwischenräumen, wird das weite 143 300 qkm umfassende Quellengebiet der Elbe, zu welchem etwa fünfzig grössere und kleinere Flüsse, unter ersteren die Saale mit der Unstrut, die Mulde, die Moldau und die Havel mit der Spree gehören, so gewaltige Wassermassen zu Thal senden, dass das verhältnissmässige enge Strombett der unteren Elbe sie nicht zu fassen vermag, sondern gezwungen ist, einen Theil an die zu ihr gehörigen Niederungen abzugeben. Zur Zeit der Schneeschmelze setzen sich oft ungeheure Wassermassen beinahe gleichzeitig in allen hochbelegenen Gebieten in Bewegung, und wenn dann etwa im unteren Strombette gewaltige Eismassen den Abfluss hemmen, dann ist die Gefahr des Austretens stets in die nächste Nähe gerückt, und, unter Verhältnissen wie sie im vorigen Frühjahre vorhanden waren, so gut wie unabwendbar.

Selten vereinigt sich eine solche Fülle ungünstiger Umstände wie im vorigen Jahre. Die Elbe war bereits vor Weihnachten 1887 bei einem so niedrigen Wasserstande wie er zur Herbstzeit nur sehr selten vorkommt, mit Treibeis gegangen, und die Folge war gewesen, dass sich an den Stellen, wo durch Anhäufung von Sandmassen das Fahrwasser stark eingeengt war, binnen kurzer Zeit Eisstopfungen gebildet hatten, die den raschen Abfluss des Wassers beeinträchtigten. Die Witterung war und blieb vorherrschend kalt, aber von Zeit zu Zeit trat doch Thauwetter ein und brachte wiederholt Treibeis stromabwärts, durch welches dann die bereits bestehenden Eisanhäufungen vermehrt und neue zusammengeschoben wurden. Während des ganzen Winters trat keine so lange Thauperiode ein, dass diese Eisanhäufungen sich hätten auflösen können, und als man im März mit Grund auf den Eintritt milderen Wetters hoffen konnte, thaute es zwar heftig in den Tagen vom 6. bis 12., aber am 13. fing es an der Unterelbe wieder stark an zu frieren, während weiter oberhalb das Thauwetter Bestand behielt, und die Schneemassen im Gebirge sich ungewöhnlich schnell auflösten. Und als darauf die ersten bedeutenden Wasser- und Treibeismassen durch das Eingangsthor bei Lenzen eindrangen, trat zu gleicher Zeit heftiges und anhaltendes Schneewetter ein. Die Schneemassen mischten sich unter das Treibeis und wo sie ins offene Wasser fielen, sättigten sie dieses letztere bis zu mehr als Metertiefe mit Schneeschlamm und förderten, indem sie die Fortbewegung des Eises hemmten, die Anhäufungen von Eismassen im Strombette, gaben zu Eisversetzungen Anlass, die der Schnee dann bis zur beinahe vollständigen Undurchlässigkeit verkittete, und so konnte es schliesslich nicht anders kommen als wie es gekommen ist, — die Deiche liefen über und brachen.

Ob das Unglück theilweise oder ganz hätte abgewendet werden können, ist eine Frage, die sich schwer oder eigentlich garnicht beantworten lässt und darauf kommt es jetzt auch weniger an, wohl aber darauf, dass die Erfahrungen des vorigen Frühjahrs nicht unbenutzt bleiben und nicht in Vergessenheit gerathen, sondern zum Nutzen der Niederungsbewohner in deren Erinnerung bleiben.

Unter diesem Gesichtspunkte habe ich nun im Folgenden die Ereignisse der vorigen Winters- und Frühjahrszeit bis in ihre Einzelnheiten dargestellt.

Lauenburg a. d. Elbe
im Frühjahr 1889.

C. A. L. von Binzer.

Die Eisversetzungen von Geesthacht—Lauenburg und von Brackede—Bleckede.

Bereits während des Sommers 1887 war, wie gesagt, der Wasserstand der Elbe, insbesondere der Unterelbe, ein ganz ausserordentlich niedriger gewesen. Der grösste Theil des Strombettes zwischen Lenzen und Geesthacht lag zu Tage und die Fahrrinne war so schmal und wasserarm geworden, dass selbst die wenig Tiefe erfordernden Dampfschiffe sich kaum noch durchwinden, und die grösseren Elbkähne höchstens noch halbe Ladung einnehmen konnten. Die vielfach gewundene Fahrrinne, der man durch Anbringung von Buhnen zwar eine vermehrte Tiefe, nicht aber die erwünschte grade Richtung hat geben können, war durch Sandanhäufungen und Sandbänke an vielen Stellen beengt, so dass hin und wieder, wie z. B. bei Artlenburg und bei Geesthacht, zwei Dampfschiffe sich nicht mehr begegnen durften und es mit vielen Schwierigkeiten verbunden war, lange Schleppzüge durch diese Stellen durchzubringen.

Auch der Herbst brachte keine Aenderung, da die sehnlichst erwarteten Herbstregen ausblieben, und als gegen Weihnachten plötzlich Frostwetter eintrat, ging die Unterelbe alsbald mit Treibeis und war binnen wenigen Tagen zugefroren. Doch war es gelungen, dieselbe von Geesthacht abwärts, bis wohin Ebbe und Fluth sich noch geltend machen, offen zu halten, so dass die Schiffahrt auf dieser Strecke ihren Fortgang behalten konnte, während sie nach oberhalb aufhörte und nicht vor dem 30. März wieder eröffnet werden konnte.

Am 1. Januar war die ganze Strecke von Tangermünde bis Geesthacht mit stehendem Eise bedeckt. Das vom 7. bis 11. Januar herrschende Thauwetter verursachte, dass die Eisdecke, zunächst bei Magdeburg, dann bei Tangermünde und endlich auch bei Lauenburg, ins Treiben gerieth, aber bei Geesthacht blieb die Elbe verschlossen. Bedeutende Eismassen trieben seit jenen Tagen an, und bis zum 24. Januar ging die Elbe bei Lauenburg täglich mit Treibeis.

Vom 24. bis 29. Januar war sie dort eisfrei, dann fror sie zu, stand indessen nur bis zum 31. Januar und begann dann wieder zu treiben. Fortwährend wurden nun Treibeismassen bei Lauenburg vorbei nach unterwärts geführt, und erst am 11. Februar kam das Eis wieder zum Stehen. Dann schwankte es einige Tage zwischen Eisgang und Eisstand hin und her, bis es endlich am 15. Februar definitiv zum Stehen kam und sich nun bis zum 26. März, einige unbedeutende Schwankungen abgerechnet, nicht mehr rührte. Die ganze etwa 2 geographische Meilen lange Strecke von der Elbbrücke bei Lauenburg bis nach Geesthacht, bildete ein einziges wildes Eisfeld, mit einigen wenigen offenen Stellen von geringfügiger Ausdehnung. Die ganzen ungeheuren Eismassen, welche von Weihnachten 1887 bis zum 12. Februar 1888 fast täglich bei Lauenburg vorbeigetrieben waren, hatten sich im Elbbette unterhalb Lauenburg festgeschoben, hatten die Fahrrinne gefüllt, das Vorland und die Werder bedeckt und sich stellenweise zu mehr als mannshohen Eisbergen aufgethürmt. Wie immer bei lebhaftem Eisgang hatten sich auch jetzt die nachkommenden Schollen unter das bereits stehende Eis untergeschoben, und auf diese Weise war allmählich eine ganze Reihe von massigen Eisstopfungen entstanden, welche, wie sich späterhin zeigte, zum Theil eine Stärke von 6 Meter und darüber erreicht hatten und fest auf dem Grunde aufsassen.

Die unterste Eisversetzung stand bei Geesthacht, wo indessen der Hafen frei geblieben war, die nächste bei Krümmel, eine dritte bei Tespe und die folgenden bei Artlenburg, Glüsing und beim Kuhgrunde nahe unterhalb Lauenburg.

Der Abfluss des Wassers war dadurch bedeutend erschwert, und an den wenigen offenen Stellen verrieth die überaus heftige, theils der Stromrichtung folgende, theils seitwärts abgelenkte Strömung, dass es nur sehr enge Kanäle sein konnten, welche dem Wasser noch den Durchgang verstatteten. Dass das Flussbett dessenungeachtet nicht erheblich anschwoll, hatte seinen Grund darin, dass alle kleineren Zuflüsse in Folge des anhaltenden Frostes versiegt waren, und dass auch die Delvenau (Stecknitz) nur geringe Wassermengen zuführte endlich war es seit Ende Februar nicht ohne Einfluss, dass sich oberhalb Lauenburg, bei der Brackeder-Boizenburger Fährstelle, eine Eisstopfung gebildet hatte, welche den Abfluss des Wassers nach unterhalb beschränkte, dasselbe dagegen rückwärts in die Sude hineindrängte, in Folge dessen denn auch die Nebenflüsse dieser letzteren anschwollen. Bei Lauenburg stieg das Wasser erheblich erst in den Tagen vom 7. bis 12. März, nachdem Thauwetter eingetreten war.

Die gedachte Eisstopfung bei Brackede war auch insofern für Lauenburg günstig, als nun keine grösseren Eismassen mehr dorthin gelangen konnten; was von Zeit zu Zeit noch antrieb, beschränkte sich auf das Wenige, was sich unterhalb Brackede etwa noch ablöste, und wenn zwar die Elbe, in Folge der strengen Kälte im Februar, wo sie am 21. Februar 12° C. erreichte, oberhalb der Lauenburger

Eisenbahnbrücke zufror, so entstanden doch vorläufig an dieser Stelle weitere Eisstopfungen nicht, da die Menge des herankommenden Eises nicht bedeutend genug war.

Es ist vielfach darüber gestritten worden, ob die soeben erwähnte Brackeder Eisstopfung eine Folge der Geesthacht-Lauenburger Eisversetzungen gewesen, oder ob sie sich, unbeeinflusst durch diese, selbstständig gebildet habe. Am wahrscheinlichsten erscheint letzteres, denn selbst noch über die Tage hinaus, an welchen sich das Eis bei Brackede gesetzt hatte, kam immer noch soviel Treibeis, als sich dort oder bei Boizenburg loszulösen vermochte, bis nach Lauenburg den Strom herab, Beweis genug, dass ein Rückstau dort nicht empfunden worden ist. Aller Wahrscheinlichkeit nach haben, bei Brackede so gut wie bereits früher bei Geesthacht, die im Strombette vorhandenen Sandanhäufungen, welche die Fahrrinne einengen, zur Anlandung treibender Eisschollen Anlass gegeben, an welche sich dann fernere Eismassen angelehnt und endlich das Strombett verstopft haben. Nachdem dies dann geschehen war, häuften sich die Eismassen rasch, denn bei Magdeburg sowohl als bei Tangermünde hatte sich das Eis am 23. Februar in Bewegung gesetzt und war dann, ohne auf Hindernisse zu stossen, bis unterhalb Bleckede getrieben. Hier hatte es nicht nur das Strombett, sondern auch die weitausgedehnten Werder bei Brackede und Radegast, dann die Vorländer unter und oberhalb Gothmann, bei Wendisch-Bleckede, zwischen Heisterbusch und Bleckede, vor Bleckede und bei Alt-Wendischthum mit ungeheuren Eismassen angefüllt und hatte verschiedene, bis auf den Grund anstehende, Eisstopfungen gebildet, in ganz ähnlicher Weise wie dies früher zwischen Geesthacht und Lauenburg geschehen war.

Von nun an wurde ein allmähliches Steigen des Wassers in der Elbe, auch oberhalb Lauenburg, wahrgenommen, und nachgerade musste sich die Frage aufdrängen, ob nicht irgend welche Maassregeln oder Vorkehrungen zu treffen seien zur Abwehr von Deichgefahren, welche jeden Tag in furchtbarer Gestalt auftreten konnten. Zumal die mit so ungeheuren Eismassen angefüllte Strecke Lauenburg-Geesthacht musste zu den ernstesten Erwägungen Veranlassung geben, und zwar nicht nur um der Gefährdung der unmittelbar an dieselbe angrenzenden Niederungen willen, sondern auch insofern, als die dortigen Eisanhäufungen ein Hinderniss darstellten für ein eventuell selbstständiges Vorgehen der oberhalb Boizenburg bedrohten Niederungsbewohner, denn selbstredend konnten diese an eine gewaltsame Durchbrechung der dortigen Eisstopfungen nicht denken, wenn nicht zuvor unterhalb freie Bahn geschaffen worden war.

Behördlicherseits wurde daher Ende Februar eine Versammlung der Deichinteressenten des Landes Lüneburg nach Hohnsdorf berufen, bei der auch die Beamten und Aufseher zu erscheinen hatten, um deren Ansichten über das Maass der vorhandenen Gefahr zu vernehmen und nöthigenfalls Anordnungen zur Beseitigung oder Abwehr derselben zu treffen. Trotz der entgegenstehenden Ansichten der Techniker bestanden die Deichinteressenten darauf, dass den Deichen des Landes Lüneburg keine erhebliche Gefahr drohe und dass eine gewaltsame Durchbrechung des Eises von Geesthacht aufwärts, behufs Schaffung einer Abflussrinne, nicht als dringend anzusehen sei; wenn eine solche Maassregel im Interesse der weiter oberhalb belegenen Niederungen etwa erforderlich sei, so müssten diese, oder der Staat, auch die entstehenden Kosten übernehmen.

Hier trat also der Nachtheil recht offenkundig zu Tage, dass die Räumung des Strombettes von Eis, behufs Beseitigung von Deichgefahren, nicht zu den Obliegenheiten der Strombauverwaltung gehörte, und dass diese also über die zu einer solchen Maassregel erforderlichen Geldmittel nicht zu verfügen hatte. Sie würde unbedenklich damals sofort zur Offenlegung des Stromgebietes geschritten sein, nun aber hatte sie nicht das Recht in Händen, gegen den Willen der Deichinteressenten Arbeiten ausführen zu lassen, deren Kosten diese letzteren hätten tragen müssen, solange nicht seitens der Provinzialbehörde »gemeine (d. h. öffentliche) Gefahr« proklamirt worden war. Diese zu proklamiren durfte dieselbe wohl Anstand nehmen, wenn die Deichinteressenten sowie auch die Mehrzahl der zu Rathe gezogenen Anwohner der Ansicht waren, dass bei etwa eintretender milder Witterung, welche doch der Jahreszeit entsprechend jeden Tag eintreten konnte, das Eis zwischen Geesthacht und Lauenburg in wenigen Tagen hinreichend gelockert sein würde, um in kürzester Zeit abzutreiben, wobei sie sich auf frühere Erfahrungen beriefen.

In der That schien es als ob die Vertreter dieser Ansicht Recht behalten sollten, denn bereits am 7. März stieg die Temperatur plötzlich von $-5{,}5^0$ C. am Morgen des 6. März, auf $+3^0$ und erhob sich am 9. März sogar bis zu 9^0, wobei es zugleich heftig regnete. Das Eis auf der Elbe begann dann auch sogleich mit überraschender Schnelligkeit zu schwinden; die zahlreich bis zu zweifacher Mannshöhe aufgethürmten Eisschollen zerflossen, und es schien als ob die Elbe nach zwei bis drei Tagen eisfrei sein würde. Aber ebenso plötzlich wie am 6. März, schlug das Wetter am 11. März Abends um; das Thermometer sank auf 0^0 und bis zum Abend des 13. war die Kälte bereits auf — 4,5° gestiegen, erreichte am 18. März sogar — 7° und hielt sich auf dieser Höhe bis zum 22. März.

Selbstverständlich machte die wiedereintretende Kälte dem Schmelzen des Eises in der Elbe ein plötzliches Ende, vermochte aber doch nicht die von allen Seiten zuströmenden Schneewasser zu bannen, und ein allgemeines Steigen des Wassers in der Elbe war die nothwendige Folge. Immerhin waren die auf diese Weise der Unterelbe zugeführten Wassermassen nicht sehr bedeutend, aber weiter oberhalb stand die Sache schlimmer. Denn dort, im gebirgigen Quellengebiet der Elbe, war es Thauwetter geblieben, und ungeheure Wassermassen flossen zur Unterelbe hinab.

Eine derartige unglückliche Wendung war bei den Erwägungen über das Maass der drohenden Gefahr, nicht mit in Rechnung gezogen worden, nunmehr aber trat die Unabwendbarkeit der letzteren mit furchtbarer Wahrscheinlichkeit auf. Denn man durfte kaum noch hoffen, dass das Strombett von Lauenburg bis Geesthacht so rechtzeitig werde offen gelegt werden können, dass es die von oberhalb anrückenden Wasser- und Eismassen aufnehmen und weiter führen konnte, ohne dass an irgend einer Stelle eine Stockung eintrat, noch viel weniger konnte man darauf rechnen, zu rechter Zeit an die Eisstopfungen oberhalb Brackede zu gelangen und auch diese zu beseitigen. Indessen wurde nun nicht länger gezögert. Auf direkte Anordnung des Ministeriums war eine Abtheilung Pioniere unter dem Befehl eines Hauptmanns und zweier Lieutenants nach Geesthacht beordert worden, um die dortige Eisversetzung zu sprengen und am 13. März begann dieselbe auch schon mit der Arbeit. Es galt zunächst eine Abflussrinne zu schaffen, welche den doppelten Zweck erfüllte, das oberhalb belegene Strombett zu entlasten, und nach unterhalb soviel Wasser zuzuführen, dass man die Eisversetzungen mit Schiffen angreifen konnte, was bis jetzt, wegen des niedrigen Wasserstandes bei Geesthacht, nicht möglich gewesen war.

Im Verein mit einer Anzahl Arbeiter aus der benachbarten Elbniederung wurde, unter Mitwirkung der Strombauverwaltung zu Lauenburg, bei Geesthacht der Anfang gemacht, aber erst nach fast eintägiger Anstrengung gelang es, die dortige Eisstopfung in dem Maasse zu durchbrechen, dass das Wasser freieren Durchlauf gewann. Von der Gewalt des Druckes, den dasselbe auf die mehr als sechs Meter hoch aufgeschichtete Eiswand ausgeübt hatte, gab die Heftigkeit Zeugniss, mit welcher beim ersten Aufsprudeln des befreiten Wassers die Eisschollen emporschnellten, und ihre dunkele Färbung verrieth, dass die Eismassen sich fest auf den Grund des Flussbettes gelagert, ja in demselben sich so zu sagen eingesogen hatten. Natürlich konnte unter so schwierigen Verhältnissen die Arbeit nur langsam von Statten gehen, aber sie versprach doch Erfolg.

Die Stromaufseher hatten die Richtung der Fahrrinne abzustecken, worauf zunächst eine schmale Rinne mit der Axt gehauen wurde; sodann wurde zu beiden Seiten das Eis, wo es nicht zu tief anstand, durchgesägt. Die Pioniere brachen in Abständen von 4 bis 6 Meter Löcher in dasselbe, senkten an Stangen befestigte Blechbüchsen, die mit einer Pulverladung gefüllt waren, in dieselben hinein, worauf sie mittelst einer Zündschnur zum Explodiren gebracht wurden. Nachdem der Vorrath an Blechbüchsen erschöpft war, wurden Flaschen und endlich Sardinentönnchen verwandt, welche letztere sich am besten bewährten. Versuche mit Dynamit hatten nicht die erwartete Wirkung.

Nach erfolgter Explosion hob sich das Eis wellenförmig, zerbarst und wurde mittelst langer Stangen stromabwärts geschoben. Die Rinne wurde auf eine Breite von 30 bis 40 Meter erweitert und, soweit möglich, auf die offenen Stellen gerichtet.

Diese Arbeit bot mehr Schwierigkeiten als man erwartet haben mochte. Dazu stieg die Kälte bis über 8 und 9 ° C., und am 15. März trat Schneewetter ein, das sich in den Tagen vom 18. bis 20. März zu einem Schneesturm von furchtbarer Heftigkeit erhob und bis zum 23. März anhielt. Trotzdem hielten die Pioniere und eine Anzahl Civilarbeiter wacker aus und schafften täglich etwa 500 bis 800 Meter, so dass sie am 24. März bis etwa nach Tespe vorgedrungen waren. Dann aber trat Thauwetter ein und die Arbeit musste, wegen der rasch zunehmenden Unsicherheit der Eisdecke, welche bereits an verschiedenen Stellen zu bersten begann, aufgegeben werden. Aber es war gelungen die untersten Eisversetzungen zu brechen und den Schiffen die Bahnen zu öffnen, welche zum Zwecke des Eisbrechens in Hamburg gechartert worden waren und schon seit einigen Tagen am Zerstörungswerke Theil genommen hatten. Durch die gemeinschaftliche Arbeit war die Eisdecke im Allgemeinen derartig erschüttert, dass sie auf der ganzen Strecke bis nach Artlenburg kurze Bewegungen zu machen begann, und da nun auch die gesteigerte Temperatur die Eismassen mürber gemacht hatte, so lösten sie sich unterhalb Artlenburg am 25. März ab und trieben, sofern sie nicht auf den Sandbänken aufsassen, stromabwärts, und am folgenden Tage brach auch die schwere Eisstopfung bei Artlenburg, wobei sie alles was oberhalb im Strome stand, nach sich zog; nur bei Lauenburg blieb unterhalb der Eisenbahnbrücke noch eine nicht bedeutende Eisfläche stehen, wurde aber durch einige wohlangebrachte Sprengschüsse gleichfalls ins Treiben gebracht. Nach mehr als drei Monaten war endlich das Fahrwasser von Lauenburg abwärts wieder frei, und gegen Abend liefen die fünf kleinen hamburgischen Dampfschiffe, welche so thätigen Antheil an der Zerstörung der Eisbollwerke genommen hatten, in den Hafen von Lauenburg ein.

Die Gefahr, welche der Elbniederung des Landes Lüneburg gedroht hatte, schien endgültig beseitigt; dass sie noch einmal in höchst bedenkliche Nähe gerückt werden sollte, ahnte an dem Abend Niemand. Bevor ich indessen zur Schilderung derselben übergehe, wende ich mich den Ereignissen zu, welche sich inzwischen weiter oberhalb zugetragen hatten, und zwar weil die soeben erwähnte Gefahr in engem Zusammenhang mit denselben stand, oder vielmehr das Resultat derselben war.

Die Deichbrüche an der Lenzer Wische und bei Dömitz.

Die Eisstopfungen, welche sich gegen Ende des Monats Februar von der Boizenburg-Brackeder Fährstelle aufwärts gebildet, die Mündung der Sude fast ganz verstopft und alles von oberhalb kommende Treibeis in sich aufgenommen hatten, stellten noch in den letzten Märztagen eine weitausgedehnte Eisfläche, eine winterliche, wirre Einöde von ergreifender Wildheit dar, die sich bis über Bleckede hinaus erstreckte. Von da ab war die Elbe, wenn sie auch öfters Eisgang gehabt hatte, offen geblieben und noch am 13. März hatten zwei Schleppdampfschiffe sieben beladene Elbkähne bis nach Hitzacker gebracht, waren aber, als von oberhalb gewaltige Eismassen antrieben, schleunigst wieder umgekehrt, während die Kähne bei Hitzacker vor Anker gingen. Der Wasserstand war in den Tagen noch keineswegs hoch. Dann aber verursachten die von der Schneeschmelze in den oberen Quellengebieten herrührenden Wassermassen eine Anschwellung. Am 15. März war das Wasser bei Wittenberge von 1,97 Meter auf 3,56 Meter gestiegen und am 18. März hatte es daselbst eine Höhe von 6,10 Meter erreicht. Alsbald passirte diese, von schwerem Treibeise begleitete, Fluthwelle Lenzen, und zu gleicher Zeit trat Schneewetter ein, das in den Tagen des 18. bis 20. März in furchtbare Schneestürme ausartete und bis zum 22. März mit wenig Unterbrechungen anhielt. Die grossen Schneemassen, welche sich im Wasser fortbewegten, hemmten dessen Lauf und besonders auch die Bewegungen des Treibeises, und letzteres begann sich hier und da zu grossen Massen zusammenzuballen, an den Sandbänken und Ufern anzulanden, das Strombett an verschiedenen Stellen einzuengen und endlich zu verstopfen. Da der Schneeschlamm die Eisanhäufungen dicht verkittete, so schwoll der Fluss oberhalb derselben rasch an, und am 18. März sahen die Bewohner der Lenzer Wische bereits mit ziemlicher Gewissheit voraus, dass binnen kürzester Frist die Deiche überlaufen würden. Dass es dabei ohne Deichbrüche nicht abgehen würde, darüber konnte man nicht im Zweifel sein.

Mit mehr Ruhe als die Bewohner der Lenzer Wische, konnten die Bewohner der gegenüber liegenden Ortschaften, deren Deiche um einiges höher sind, dem Wachsen des Wassers zusehen, und in der That sind sie nur an ganz einzelnen Stellen in die Lage gekommen, ihre Deiche gegen Ueberlauf vertheidigen zu müssen, und zwar bei Langendorf, der dortigen Ziegelei gegenüber, und in Pretzetze, bei dem dortigen am Deich belegenen Gasthause. Es gelang den Bewohnern, die Gefahr an beiden Stellen abzuwehren; aber härter als hier war der Kampf beim Dorfe Grippel, wo dem Deich ein Frontbruch drohte. Derselbe, an sich nicht stark, war an einer Stelle, zur Gewinnung einer Auffahrt, durch einen Abstich noch mehr geschwächt worden, und an dieser Stelle hatte das Wasser unter dem starken Druck des ungewöhnlich hohen Standes begonnen, den Deich zu durchdringen, so dass die Gefahr eines Frontbruches in die allernächste Nähe gerückt war.

Es ist falsch, wenn mehrfach behauptet worden ist, dass an dieser Stelle die Wurzeln eines abgestorbenen oder abgehauenen Baumes zu Röhrenbildungen im Innern des Deichkörpers Veranlassung gegeben hätten, und dass diese Röhren es gewesen seien, durch welche das Wasser zuerst seinen Weg genommen habe. Allerdings ist hier vor mehreren Jahren ein Baum abgehauen worden, welcher unmittelbar auf der Böschung des Deiches gestanden hat, aber die in dem Deichkörper verbliebenen Wurzeln waren keineswegs abgestorben, sondern hatten sich, wie dies bei Stockausschlag treibenden Bäumen nichts seltenes ist, so frisch erhalten, dass sie nach geschehener Aufgrabung des Deichs im vorigen Frühjahr, also nach ihrer Blosslegung, alsbald Ausschlagreiser trieben; mithin haben sie in diesem Falle auch nicht Veranlassung zu Röhrenbildung gegeben, was für jeden, der mit dem Verhalten der Baumwurzeln im Boden vertraut ist, keines Beweises bedarf. Dass derartige Röhrenbildungen durch abgestorbene Wurzeln verursacht werden können, ist zuzugeben, sowie auch, dass sie dem Deiche gefährlich werden können, wenn dieser an sich zu schwach ist. Die zahlreichen kleinen und zum Theil stark ausgewaschenen Röhren, welche bei der Aufgrabung des Deichkörpers zum Vorschein gekommen waren, schienen, wenigstens zum Theil, von Maulwürfen herzurühren, woraus indessen nicht ohne weiteres gefolgert werden darf, dass die Maulwürfe den Deichen unbedingt gefährlich seien; sie werden dies in der That nur dort, wo der Deichkörper nicht massig genug ist. Der Maulwurf dringt stets nur bis zu einer gewissen, nicht bedeutenden Tiefe unter die Oberfläche hinab, und wo also der Deich massig ist, werden die Gänge demselben nicht gefährlich. Wäre dies der Fall, dann müssten die Deiche längs der ganzen Elbe bei hohem Wasserstande das Wasser wie durch ein einziges Sieb durchlassen, denn überall sind die Maulwürfe so stark in demselben vertreten, dass bei jeder Hochfluth viele tausende derselben ertrinken, so auch im vorigen Frühjahr.

Der Deich bei Grippel hat lediglich weil er zu schwach war, dem Druck des fast bis zu der Krone gestiegenen Wassers nicht Stand halten können, und hat demselben den Durchlauf verstattet, wobei wegen des Zustandes in dem der Deich sich befand, die Maulwurfsgänge allerdings wohl eine gefährliche Rolle gespielt haben mögen. In richtiger Erkenntniss dieser Sachlage hat man denn auch die gefährdete Deichstrecke, nebst einigen andern gleichfalls leicht gebauten Strecken, durch Anschüttungen erheblich verstärkt.

Während die Bewohner der linkselbischen Niederung ihre Deichstrecke also erfolgreich vertheidigen konnten, waren die Bewohner der Lenzer Wische, wenigstens zwischen Klein Wootz und Dömitz in weniger glücklicher Lage. Ihre Deiche sind niedriger als die gegenüberliegenden rechtselbischen, und während diese noch Bord hatten, liefen die ersteren bereits über. Die Deichlinie von Mödlich blieb indessen verschont, weil die Stauung nicht so weit hinaufreichte.

Immerhin ertrugen die Deiche den Ueberlauf zunächst recht gut, obwohl wegen Mangels an Material, besonders aber an Arbeitskräften, nur wenig aufgedeicht werden konnte. Es war günstig, dass die Deiche hartgefroren waren, und einigen Schutz gewährte auch der hoch liegende Schnee, welcher vielfach sogar als Aufdeichungsmaterial sehr gute Dienste leistete. Den besten Schutz haben aber die Bäume vor und auf den Deichen geboten, indem sie dem andringenden Eise gewehrt und den Strom gemildert haben. Von vielen Seiten wird die Nützlichkeit des Baumwuchses auf den Deichen selbst nicht anerkannt, ja derselbe wird sogar für schädlich gehalten. Aber es ist Thatsache, dass auf der ganzen Strecke von Klein Wootz bis Gaarz und ebenso an der Dannenberger Marsch nicht ein einziger Deichbruch da stattgefunden hat, wo der Deich mit Bäumen bewachsen war, oder wo aussendeichisch Baumgruppen vorhanden waren, welche das Aufsteigen des Eises auf den Deich verhindern konnten. Wo Deichbrüche eingetreten sind, da hat es entweder auf dem Vorlande oder auf dem Deiche selbst an Bäumen gefehlt. Doch soll damit nicht gesagt sein, dass überall wo letztere fehlen, bei jedem Ueberlauf Deichbrüche eintreten müssen; vielmehr haben auf sehr langen Strecken auch die kahlen Deiche dem überfallenden Wasser gut widerstanden, aber die Erfahrung lehrt doch, dass die Gefahr eine weit grössere ist an den Stellen, wo es an schützenden Bäumen mangelt.

Die Niederungsbewohner an der Elbe wissen auch den Werth des Baumwuchses vor und auf den Deichen sehr wohl zu würdigen, und in lebendiger Erinnerung ist ihnen der Schutz gegen Wind und Wetter, den die Bäume in den furchtbaren Tagen und Nächten des 20. bis 24. März Menschen und Thieren, die auf die Deiche geflüchtet und dort einstweilen zu bleiben genöthigt waren, gewährt haben, während andere die Leiden nicht lebhaft genug schildern können, welche sie in gleicher Lage, aber auf den kahlen, jedes Schutzes entbehrenden Deichkörpern zu ertragen gehabt haben.

Trotz aller Vortheile welche der Baumwuchs den Deichen bringt, soll nicht bestritten werden, dass derselbe ihnen auch gefährlich werden kann, z. B. wenn sehr alte Bäume mit unverhältnissmässig stark entwickeltem und eine bedeutende Fläche einnehmendem Wurzelsystem, bei etwaigem Umbruch der Deichböschung eine weitklaffende Wunde beibringen; aber solche Fälle gehören zu den Ausnahmen und können bei reger Aufmerksamkeit verhütet werden. Das Jahr 1888 hat an der Elbe nichts derartiges aufzuweisen.

Bis zum 20. März früh hatten die Deiche an der Lenzer Wische den Ueberlauf noch ertragen und es schien fast als ob keine Deichbrüche stattfinden würden. Aber inzwischen war für die an der Löknitz belegenen Dörfer Breetz und Seedorf grosse Wassersnoth von einer Seite eingetreten, von welcher man sie garnicht erwartet hatte.

Vor der Eisenbahnbrücke bei Dömitz hatte sich nämlich bereits am 18. März das Eis gesetzt und hatte sich, verstärkt durch fortwährend zugeführte Treibeismassen, allmählich zu einer bedeutenden Anhäufung gesammelt, welche dann durch Schneeschlamm verdichtet und so zu sagen verkittet, den Durchgang des Wassers erschwerte und endlich in dem Grade hinderte, dass dasselbe zurückstaute und sich in die nahe belegene Mündung der Löknitz hineindrängte und zwar mit solcher Heftigkeit, dass sich am 19. März Vormittags beim dortigen Fährhause das wunderbare Schauspiel eines rückläufigen Stromes darbot, der sich wie aus einer soeben geöffneten Schleuse stromaufwärts ergoss und zunächst die weiten Wiesenflächen zu beiden Seiten der Löknitz überschwemmte. Die Menge des sich hierher ergiessenden Wassers war eine so grosse und der Druck ein so gewaltiger, dass die Strömung bereits in der Nacht vom 19. auf den 20. März die resp. eine und anderthalb Meilen von der Löknitz-Mündung entfernt belegenen Dörfer Breetz und Seedorf erreichte und zwar mit der Heftigkeit eines reissenden Gebirgsflusses. Doch trat das Wasser noch nicht über den sogenannten Achterdeich, welcher den Lenzer Polder gegen Norden abschliesst, brauste aber bis über Lenzen flussaufwärts, setzte einen Theil der Stadt unter Wasser, drang in den Rudover See ein und zerstörte die dortige Eisenbahnbrücke. Niemand hatte daran gedacht, dass auf diesem Wege eine Gefahr heranrücken könnte, und so wurde namentlich das Dorf Seedorf, dessen Bewohner garnicht vorbereitet waren, ausserordentlich hart betroffen. Sie sahen plötzlich den Weg nach dem höher belegenen Schlosse Eldenburg und nach den dahinter belegenen Anhöhen, durch Wasser, Eis und Schneeschlamm versperrt; ihre Böte waren grösstentheils in der Löknitz eingefroren und waren, nachdem man sie in der Eile losgeeist hatte, im Schneeschlamm kaum und stellenweise garnicht fortzubewegen, und so kam es, dass Menschen und Vieh sich nur unter unsäglichen Mühen und Gefahren am 20. März Morgens zu retten vermochten; doch waren 75 Kühe, eine Anzahl Pferde und viele Schweine und Schafe ertrunken, und selbst ein Menschenleben war zu beklagen. Um die Schrecken der Nacht zu vermehren, war in einem Hause auch noch Feuer ausgebrochen, jedoch blieb der Brand ohne erhebliche Folgen, da er nur die eine Hälfte des Hauses zerstörte und dann von selbst erlosch.

Die bedeutenden Wassermassen, welche aus der Elbe die Löcknitz hinauf abflossen, hatten doch dem Anschwellen der ersteren kein Ziel setzen können, vielmehr stieg dieselbe fortwährend, und es war nun mit Sicherheit vorauszusehen, dass sie sich in Deichbrüchen Luft machen würde. In der That entstand der erste Bruch am 20. März Vormittags in dem sogenannten Neuen Deich, zwischen Gaarz und Baarz, in unmittelbarer Nähe des ersteren Ortes, nachdem der Deich bereits seit dem 19. März Vormittags Ueberlauf gehabt hatte.

Etwa eine Stunde später brach dann, kaum 800 Meter stromaufwärts, der Deich an einer baumfreien Stelle im Dorfe Baarz, wahrscheinlich in Folge des heftig nach dem ersten Bruche hindrängenden Wassers, welches gewaltige Eismassen mit sich führte, und gegen 1 Uhr Nachmittags brach das gleichfalls von schwerem Eise begleitete Wasser in Besandten durch den Deich.

Fast genau um dieselbe Zeit entstand ganz in der Nähe des

Pfarrhauses von Kietz ein vierter Bruch; derselbe stand indessen in keinerlei Beziehungen zu den vorigen Brüchen, sondern war einer während der Nacht vom 19. auf den 20. März unterhalb des Pfarrhauses entstandenen Eisstopfung zu verdanken. Nunmehr füllte sich der bis dahin nur noch vom Ueberlaufswasser heimgesuchte Wischer Polder so rasch, dass das Wasser über den sogenannten Achterdeich übertrat und denselben an zwei Stellen brach; zu gleicher Zeit brach auch der Südwendedeich von innen heraus, unmittelbar beim Dorfe Baarz.

Durch diese Brüche waren nun die sämmtlichen bis jetzt noch verschont gebliebenen Dörfer der Lenzer Wische unter Wasser gesetzt worden, und als nun am folgenden Tage, am 21. März, Vormittags 11 Uhr, noch der Bruch bei Klein Wootz hinzukam, da hatte die Wassersnoth eine Höhe erreicht, wie sie selbst das Schreckensjahr 1805 nicht gebracht hatte. Ein am 22. März noch hinzutretender Bruch im Elbdeiche bei Besandten liess noch weitere Wassermassen in die Niederung einfliessen, doch war um die Zeit, wie wir weiterhin sehen werden, schon ein Abflussweg für die Wassermassen der Wische offen geworden.

Es ist sehr bemerkenswerth, dass die beiden Brüche in Kietz und in Unbesandten an denselben Stellen stattgefunden haben, wie im Jahre 1805 — was übrigens auch für die drei Hauptbrüche in der Dannenberger Marsch gilt —, und ebenso bemerkenswerth ist die bereits erwähnte Thatsache, dass die Brüche sämmtlich an baumfreien Stellen eingetreten sind.

Weder an den Bruchstellen von Baarz, noch an denjenigen von Besandten, Kietz und Klein Wootz, waren auf dem Vorlande oder auf den Deichen selbst Bäume vorhanden, um dem Wasser oder dem Eise zu wehren.

Bei Kietz giebt man, und zum Theil mit Grund, der Einbuchtung, welche der Deich daselbst hatte, die Schuld an dem dortigen Bruche, und man hat daher den neuen Deich grade gelegt, aber es ist die Frage, ob er trotzdem bei schwerem Eisgange wird Stand halten können. Es gehört nämlich diese Deichlage zu den gefährlichsten längs der ganzen Wische. Das von Klein Wootz bis nach Unbesandten sich hinziehende etwa 4000 Meter lange und stellenweise sehr breite Vorland, ist nämlich auf seiner halben unteren Länge völlig baumlos, und die Strömung des Flusses an dieser Stelle bedingt, dass selbst schon bei schwachem Eisgange die Eismassen sich alsbald und so zu sagen mit Vorliebe auf das Vorland drängen, bis an den Fuss der Deiche vorrücken und an denselben in die Höhe steigen. An eine Abwehr ist hier nicht zu denken, und so bleibt auch selbst nach der erwähnten wesentlichen Verbesserung, die Lage immer noch eine sehr gefährdete. Aehnlich verhält es sich mit der nahe belegenen Bruchstelle von Unbesandten. Hier scheinen übrigens einige auf dem Vorlande stehende Bäume ungünstig gewirkt zu haben; dieselben stellen nämlich eine in fast senkrechter Linie zum Deiche, nach dem Flussbette gerichtete, Reihe dar und folglich ein Hinderniss, an welchem sich das Eis zunächst festschiebt, worauf dann die nachfolgenden Schollen, wenigstens zum Theil, auf und gegen den Deich getrieben werden. Auf diese Weise ist, so weit zu ermitteln gewesen, der Bruch wirklich eingeleitet worden. Wenn diese Baumreihe also entfernt wird, so ist dagegen nicht nur nichts zu erinnern, sondern es darf dies ohne Weiteres befürwortet werden.

Besser geschützt als Unbesandten und das untere Ende von Kietz, ist das obere Ende dieses letzteren Dorfes, obwohl es gleichfalls an dem soeben erwähnten Vorlande liegt, denn auf dieser Strecke ist letzteres mit Bäumen bestockt, welche das Eis von dem Deiche abhalten.

Bereits habe ich hervorgehoben, dass die mit Bäumen bestockten Deiche dem Eise sowohl als dem Wasser, selbst unter sonst ungünstigen Verhältnissen, den besten Widerstand geleistet haben, was sich u. A. in Besandten gezeigt hat. Auf den mit Bäumen bewachsenen Deichstrecken haben die Kappen selbst an solchen Stellen Stand gehalten, wo sie Einsenkungen hatten, wie z. B. vor dem Lamprecht'schen Kruge zu Besandten. Hier haben die Baumwurzeln einer bereits eingetretenen Ausspülung ein Ziel gesetzt, wie denn zu gleicher Zeit einige auf dem Deiche vorhandene Bäume, das etwas zurückliegende Haus vor dem Eise geschützt haben, das sich bereits auf die Deichkappe gedrängt hatte und die es auf jeden Fall überschritten haben würde, wenn nicht die Bäume dasselbe zurückgehalten hätten. Ohne die Baumwurzeln würde hier ein Kappenbruch eingetreten sein, und ohne die Bäume wäre das Haus unbedingt fortgerissen worden. Dennoch sind dieselben im Laufe des Sommers entfernt worden.

Gleich gute Dienste haben die Bäume an verschiedenen anderen Stellen geleistet. Bei dem Gute Kietz haben die Baumwurzeln an zwei Stellen der Abspülung des Deiches ein Ziel gesetzt, und die Pfarre Kietz wäre durch das über die vorliegende Deichkappe vordringende Eis unfehlbar zerstört worden, wenn nicht der binnendeichisch vorhandene Baumwuchs, worunter zwei ziemlich starke Akazien, dasselbe abgehalten hätte; mit äusserster Spannung haben die Bewohner dem Kampfe des Eises mit den Bäumen zugesehen; hielten dieselben nicht

Stand, dann waren sie unrettbar dem Tode verfallen, denn an ein Entkommen war nach keiner Seite hin zu denken.

Dass der Baumwuchs den Bewohnern, sammt ihrem zum grossen Theil auf die Deiche geflüchteten Vieh, einen wohlthuenden Schutz gegen Sturm und Schnee während der Schreckenstage gewährt haben, ist bereits gesagt worden, aber die Bäume erleichterten auch die Aufdeichung, indem sie Stützpunkte darboten für Wagenleitern, Stangen, Buschwerk und andere Gegenstände, welche zur Festlegung des Aufdeichungsmaterials dienen konnten, und noch am 24. März haben die Pioniere in Besandten an mehreren Stellen dem Ueberlauf des Wassers ein Ende gemacht, indem sie Bäume fällten und dieselben deichlängs warfen, um für das Aufdeichungsmaterial einen Halt zu gewinnen. Endlich dienten die Bäume dazu, um die Pferde und das Rindvieh anzubinden, kurz, dieselben sind in den Tagen der Noth und Gefahr den Bewohnern der Dörfer von grossem Nutzen gewesen.

Gute Dienste haben auch Hecken, Stackete und ähnliche Einfriedigungen, welche auf den Deichen vorhanden waren, geleistet und zwar gleichfalls als Anlehnungspunkte für das Aufdeichungsmaterial sowohl als zum Anbinden des Viehs.

Die am 20. und 21. März eingetretenen Deichbrüche hatten nun selbstverständlich den Wasserstand auf der weiten, bereits durch den Rückstau der Löcknitz überschwemmten Fläche noch mehr erhöht, hatten den Dörfern Breetz und Seedorf neue Noth gebracht und die Niederungen um und bei Lenzen höher anschwellen lassen, zugleich aber auch die vom Elbdeiche und dem Achter- und Südwende-Deich eingefassten Dörfer, nebst dem Gute Kietz, so tief unter Wasser gesetzt, dass nur ganz einzelne erhöhte Plätze trocken geblieben waren und die Bewohner sich auf die Bodenräume oder auf die Deiche hatten flüchten müssen; auch das Vieh, soweit es nicht in den Häusern selbst hochgebracht worden war, wurde, solange die Deiche noch erreichbar waren, dort aufgetrieben.

Die Schrecken der ohnehin verzweifelten Lage wurden noch vermehrt durch den in jenen Tagen herrschenden Schneesturm, und so erklärt es sich leicht, dass eine sehr grosse Anzahl Menschen ihre Häuser, in denen sie vor Kälte und Nässe zu verkommen drohten und deren Einsturz sie befürchteten, verliessen, als die beiden Magdeburger Dampfschiffe »Königin Luise« und »Graf Moltke«, ungeachtet des starken Eisganges in der Elbe, die Fahrt bis zu den Elbdeichen gewagt hatten, um die nothleidenden Menschen von dort abzuholen.

Zum Glück für die in den Dörfern Zurückgebliebenen und das in den Häusern, Ställen und Scheunen hochgebrachte oder auf die Deiche getriebene Vieh war noch am Abend des 21. März dem ferneren Steigen des Wassers eine Grenze gesetzt, und zwar indem sich dasselbe durch die, zwischen Polz und Kl. Schmölen sich hinziehende, bewaldete Düne die Wege bahnte und sich nun nordwärts über die Ebene ergoss. Zunächst lief das Wasser unweit Polz über, dann aber bahnte es sich einen Weg durch das sogenannte Gross Schmölener Brack, eine alte Bruchstelle vom Jahre 1805, welche durch einen schwachen Damm gegen die Lenzer Wische abgeschlossen war. Vom 21. März Morgens früh waren hier die Bauern von Gr. Schmölen beschäftigt, den alten Damm zu erhöhen und zu verstärken, aber gegen 6 Uhr Abends wurde ihnen die Kunde von dem soeben erwähnten Uebertritt des Wassers zwischen dort und Polz gebracht, zugleich mit der Nachricht, dass der jenseits der Düne belegene Eisenbahndamm bereits vom Wasser durchbrochen sei und dass sich letzteres über die Felder nach Gross Schmölen bewege. In der begründeten Befürchtung, von ihrem Dorfe abgeschnitten zu werden, verliessen die Arbeiter den Damm und fanden bei ihrer Ankunft im Dorfe einen Theil desselben bereits unter Wasser.

Der im Stiche gelassene Damm aber brach um etwa 9 Uhr Abends in Folge von Ueberlauf durch, und nun stürzte das Wasser mit furchtbarer Gewalt durch das Brack und warf auf seinem Wege alles Zunächstliegende vor sich nieder. Der unmittelbar hinter der Düne belegene Eisenbahndamm hielt den Strom eine kleine Zeit auf, so dass er sich westlich wandte, um, mit Schnee und Eisschollen vermischt, längs des Bahnkörpers in etwa halber Manneshöhe fortzustürmen. Auf dem halben Wege nach dem Dömitzer Bahnhofe platzte er mit einem von dorther kommenden anderen Strome zusammen, welcher seinen Weg zwischen dem Dömitzer Kirchhofe und der Ziegelei gefunden hatte, und beide vereint hatten dann sofort den Eisenbahndamm an drei Stellen durchbrochen und ergossen sich nun über die Warff-Wiesen östlich der Elde. Inzwischen war aber auch der Eisenbahndamm am Gr. Schmölener Brack der Strömung gewichen und bis auf den Grund weggefegt worden, und das Wasser strömte nun mit furchtbarer Gewalt auf Gr. Schmölen zu, ungeheure Sandmassen mit sich fortreissend und sich über die Feldmarken der Dörfer Gross Schmölen, Verklas, Kaliss und Neu-Kaliss ausbreitend, wobei auch die Dorfslagen unter Wasser geriethen.

Das Bild, welches die Bruchstelle im alten Gr. Schmölener Brack kurz nach dem Durchbruche des Wassers darbot, war ein in hohem

Grade interessantes. Von der Gewalt des Wassers waren hohe Hügel gespalten und fortgerissen, die auf denselben stehenden Kiefern lagen entwurzelt und zum Theil zerbrochen wirr durcheinander, eine Strasse von durchschnittlich 150 Meter Breite und von 500 Meter Länge war durch die Düne gebrochen, und durch die weite Kluft flossen fortwährend ungeheure Wassermengen ab; ein jenseits stehendes Wärterhaus stand etwa 3 Meter tief in der Fluth, und soweit das Auge reichte, sah es nur ungeheure Wasserflächen vor sich.

Erwägt man, dass diese und die übrigens bei weitem geringere Bruchstelle bei der Dömitzer Ziegelei, die einzigen Abzugswege für das weite Lenzener Becken waren, da der Abfluss nach der Elbe durch die Eisstopfung an der Dömitzer Eisenbahnbrücke absolut behindert war, während ununterbrochen grosse Wassermassen durch die sechs Bruchstellen an der Wische zuflossen, so kann man sich eine ungefähre Vorstellung von der Heftigkeit der Strömung im Gr. Schmölener Brack machen; man wird aber auch leicht begreifen, dass ohne diesen Abzugsweg die Fluth in der Lenzer Wische bis zu einer Höhe hätte ansteigen müssen, dass kaum noch ein einziges Haus eine Zufluchtsstätte hätte bieten können, und es ist daher die Frage wohl der ernsthaftesten Erwägung werth, was bei etwaigem Wiedereintritt einer ähnlichen Katastrophe geschehen wird und was geschehen kann, wenn der nunmehr verstärkte und bedeutend erhöhte Querdamm im Gr. Schmölener Brack dem Hochwasser Stand hält, dasselbe also an dieser Stelle keinen Ausweg mehr findet. Liegen dann die Verhältnisse im Uebrigen so, wie sie im vorigen Frühjahr gelegen haben, dann wird zunächst der Wasserstand in der Wische bedeutend höher sein, als er es jetzt war, und möglicherweise bricht dann der Eisenbahndamm unweit der Dömitzer Eisenbahnbrücke, und eine furchtbare Strömung trifft dann die Stadt Dömitz.

Es liegt nicht in meiner Absicht hier diesen Gegenstand weiter zu verfolgen, aber ich habe auf eine neue Gefahr aufmerksam machen wollen, welcher man s. Z. möglicherweise entgegenzutreten haben wird.

Der Schrecken, von denen die Bewohner von Gr. Schmölen ergriffen wurden, als die Kunde von dem Ansturm des Wassers zu ihnen drang, musste noch vermehrt werden durch die Dunkelheit und das wilde Schneetreiben, das noch fortwährend anhielt. Niemand war im Stande sich eine Vorstellung davon zu machen, wie hoch das Wasser steigen und wie gross also die Gefahr sein würde, von der man bedroht wurde. Alles kam darauf an, ob die Deiche der Elde zwischen Findshier (eigentlich: Findenwirunshier) und der Dömitzer-Schleuse Stand halten und eine weitere Stauung veranlassen oder ob sie weichen und dem Wasser einen Ausweg gestatten würden. Schon der nächste Morgen brachte darüber tröstliche Gewissheit, denn das Wasser hatte nicht sobald die Eldedeiche erreicht, als es auch schon über dieselben, wie über ein Wehr, hinwegfiel und an mehreren Stellen Kappenbrüche verursachte, unter denen der Bruch in der Nähe der Dömitzer Elde-Schleuse einer der folgenschwersten wurde, indem er den Bruch des unmittelbar anstossenden, sogenannten Roggenfelder Deichs sogleich nach sich zog. In Folge des Ueberlaufs und der gedachten Brüche aber konnte, wenn auch nicht unmittelbar, so doch in den nächsten Tagen, den Dörfern Gr. Schmölen, Kaliss und Neu-Kaliss Erleichterung zu Theil werden, und ein ferneres Steigen des Wassers war ausgeschlossen; freilich wurde nun die Wassersnoth in andere Ortschaften und besonders nach Dömitz getragen.

Die Stadt Dömitz

war bereits am 19. März von Wasser heimgesucht worden, indem an diesem Tage die Elbe über den Aussendeich stieg, jedoch war die Ueberfluthung nicht so sehr bedenklich; auch fiel das Wasser bereits am folgenden Tage um ein Geringes, was die Einwohner zu dem Glauben veranlasste, dass weiter unterhalb ein Durchbruch stattgefunden oder eine Eisstopfung sich gelöst habe. Weder das Eine noch das Andere war indessen der Fall, sondern das Fallen des Wassers war, wie sich bald ergab, eine Folge der am 20. März Vormittags durch Schneeschlamm und vermehrte Eispackung eingetretenen völligen Verstopfung der bis dahin noch bis zu gewissem Grade durchlässigen Joche der Eisenbahnbrücke.

Der zuvor erwähnte Bruch des Roggenfelder Deichs in der Nähe der unteren Eldeschleuse liess sofort ungeheure Wassermassen, zunächst in den nördlich um Dömitz sich herumziehenden Eldearm abstürzen; aber aufgehalten durch die schweren Schneemassen, welche sich im Strombett desselben angehäuft hatten, wandte sich der überstürzte Strom rückwärts, und das Wasser floss grösstentheils durch die Bruchöffnung des Roggenfelder Deichs wieder aufwärts, theils überfluthete es die Chaussée zwischen Dömitz und der Schleuse, verursachte eine tiefe Auskolkung, welche mehrere Gärten verschlang, und floss dann mit solcher Heftigkeit durch den zweiten, östlichen, direkt nach der Elbe gerichteten Eldearm ab, dass die über den letzteren führende, auf massiven Pfeilern ruhende Brücke, vollständig unterspült wurde und zusammenbrach; aber die Wassermassen fanden auf diesen Wegen immer noch keine genügende Ableitung, sondern drangen, zum Entsetzen der Einwohner, in heftiger Strömung von Norden in Dömitz ein. Nun erreichte die Noth hier allerdings eine sehr bedenkliche Höhe. Schornsteine stürzten ein, die unteren Wände zahlreicher Fachwerksgebäude wurden fortgerissen, die Fundamente massiver Gebäude unterspült, so dass einige Mauern einstürzten, und der Schaden, der an dem Hausrath in den Häusern angerichtet wurde, war ein sehr bedeutender. Doch stieg die Fluth nicht höher, als dass die Einwohner sich selbst und ihr Vieh in den oberen Räumen der Gebäude in Sicherheit bringen konnten und einige Stellen, wie z. B. die Kirche nebst ihrer nächsten Umgebung, und eine Reihe Häuser unweit des Elbdeiches, wurden von der Fluth nicht erreicht. Dagegen hatte dieselbe das am Westende der Stadt belegene Fort überschwemmt. Die Verbindung nach dem Bahnhof war durch den Einsturz der Brücke abgeschnitten, die Chaussée nach Heiddorf stand unter Wasser, die Elbe war unpraktikabel, und so war ein Verkehr nach keiner Seite mehr möglich. Ein Glück für die Stadt war es, dass der Eisenbahndamm zwischen der Brücke und der Chaussée nicht brach; wäre dies geschehen, dann würde Dömitz wahrscheinlich vollständig zerstört worden sein.

Obwohl nun zwar fortwährend grosse Wassermassen über die nördlich von Dömitz belegene weite Ebene abflossen, so hielt sich doch das Wasser vorläufig auf seiner Höhe. Selbst als am 21. März bei Landsatz und am zweiten Tage am Wulfsahl, schräg gegenüber Dömitz, Deichbrüche eintraten, war die Wirkung noch eine geringe, denn der Zufluss von der Elde glich den Abgang wieder aus, und das Strombett der Elbe war durch Eisversetzungen bei Damnatz und weiter unterhalb bei Strachau, verstopft worden; später werde ich hierauf noch zurückkommen.

Gleich Dömitz war auch der Bahnhof seit dem 22. März von allem Verkehr abgeschnitten und ringsum von Wasser umgeben; die Stationsgebäude und Güterschuppen blieben indessen verschont und gewährten zahlreichen dorthin geflüchteten Menschen eine Zuflucht. Bis zum 24. März hielt dieser Zustand an; erst von da ab fing das Wasser dort und auch in Dömitz an zu fallen.

Während sich diese Ereignisse in Dömitz abspielten, hatte die am 22. März über die Eldedeiche sich fortwälzende Fluth, die Dörfer Heiddorf und Heidhof erreicht und auch hier um so grösseren Schrecken verbreitet, als sie den Leuten völlig unerwartet kam und sie keine Vorstellung davon hatten, wie hoch das Wasser möglicher Weise würde ansteigen können. Wären sie mit den Niveauverhältnissen ihrer Dörfer und der umgebenden Fluren einigermaassen vertraut gewesen, so würde die Beunruhigung eine weit geringere gewesen sein, denn man hätte dann wissen können, dass das Wasser über eine gewisse Höhe hinaus nicht anschwellen konnte, und man hätte diejenigen Höfe oder Bodenerhebungen, welche von der Fluth nicht erreicht werden oder doch nur einen geringen Wasserstand haben konnten, als Zufluchtsstätten benutzen können.

Für etwaige künftige Ereignisse wäre es in hohem Grade erwünscht, wenn von Amts wegen die Anbringung von Wassermarken angeordnet werden möchte, welche den höchsten Wasserstand vom Frühjahr 1888 an jedem Hause bezeichnen, nicht etwa nur zur Erinnerung an ein denkwürdiges Ereigniss an sich, sondern zur Orientirung bei etwa wiedereintretenden Hochwasserfluthen.

Bemerkenswerth ist es, dass das Dorf Woosmer, welches seiner Lage nach von der Fluth hätte erreicht werden müssen, dennoch von derselben verschont blieb, was lediglich dem hohen Schnee zu verdanken war. Das Wasser war bereits auf dem von Heidhof nach Woosmer führenden Wege im Vordringen begriffen, als die im Bereich des Waldes besonders hoch liegenden Schneemassen, den Strom hemmten und seine Ablenkung nach den etwas niedriger belegenen westlichen Partien bewirkten.

Das erste feste Hinderniss, auf welches die nach Westen vordringenden Wassermassen stiessen, war der in der Heidhöfer Forst, nördlich von Wendisch-Wehningen, vorhandene sogenannte Wendisch-Wehninger Schafdamm, ein starker, theils im freien Felde, theils im Walde belegener Damm, der im Jahre 1834 auf Anordnung der Grossherzoglich Mecklenburgischen Behörde hier aufgeworfen worden ist und zwar auf Anhalten des damaligen Besitzers des adeligen Gutes Junker-Wehningen, von Bülow. Gut und Dorf Junker-Wehningen hatten nämlich seit undenklichen Zeiten in dem längs der Mecklenburgisch-Preussischen Grenze sich hinziehenden sogenannten alten Schafdamm, der auch heute noch vorhanden ist, eine Schutzwehr gegen etwa von der Elde herkommendes Hochwasser besessen und dieselbe auch für genügend erachtet. Als aber dann in den Jahren 1832 bis 1836 die alten Eldedeiche auf ihre jetzige Höhe gebracht und bei Dömitz eine neue Schleuse erbaut wurde, reichte der alte Schafdamm nicht mehr aus, um bei etwaiger Ueberfluthung der soeben genannten Deiche, das nach Junker-Wehningen drängende Wasser abzuhalten, und aus diesem Grunde wurde 1834 der neue Schafdamm aufgeworfen, dessen Krone gleiche Höhe mit den Eldedeichen hat oder haben soll. Aber der Damm hat den gehegten Erwartungen nun doch nicht entsprochen.

Nachdem er eine kurze Zeit dem Drucke des anschwellenden Wassers widerstanden, brach derselbe am südlichen Ende, in der Nähe des Wendisch-Wehninger Kreuzweges, durch, und nun stürzte sich die entfesselte Fluth mit grosser Gewalt auf den alten Schafdamm. Ein Theil des Wassers brach an der Stelle in den Wehninger Wald ein, wo die kurze Junker-Wehninger-Chaussée den alten Schafdamm trifft und strömte längs derselben auf Junker-Wehningen zu, ein anderer Theil warf sich rechts, folgte dem auf der mecklenburgischen Seite längs dem Schafdamm sich hinziehenden Wege und vereinigte sich mit dem breiten Strom, der aus dem Heidhofer Walde kommend nach der Junker-Wehninger Feldmark abfloss.

Die Wassermassen, welche die soeben erwähnte Chaussée hinabstürzten, haben sich vor einem Einschnitte, den dieselbe nahe vor Junker-Wehningen macht, getheilt; der grössere Antheil wandte sich links nach der Elbe, während der geringere Antheil der Chaussée bis zum Dorfe hinab folgte.

Es ist wahrscheinlich, dass diese Theilung und Ablenkung des mit grosser Gewalt vordringenden Stromes, durch Schneemassen verursacht worden ist, welche sich in dem soeben erwähnten Einschnitte gehäuft haben mussten, denn auf andere Weise ist dieselbe nicht erklärlich; das Wasser muss sich vor dem Einschnitte gestaut haben und da es sich durch den Schnee nicht sogleich seinen Weg bahnen konnte, so wurde es seitwärts gegen die Sandberge gedrängt, die es dann alsbald durchbrach und seinen Weg nach der Elbe nahm. Die Spuren die das Wasser hier hinterlassen hat, geben Zeugniss von der furchtbaren Gewalt, mit der dasselbe Alles vor sich her niedergeworfen und zerrissen hat. Bereits oberhalb hatte es die Seitengräben der Chaussée tief aufgewühlt und zu beiden Seiten bedeutende Sandmassen in den Kiefernbestand hineingeschleudert, aber ihren Höhepunkt erreichte doch die Zerstörung erst an der Stelle, wo der Strom sich einen Weg durch die Sandberge brach; diese letzteren sind weit umher zerrissen, bis zu Tiefen von sechs bis sieben Meter ausgekolkt; die alten Kiefern, mit denen sie bestanden waren, sind entwurzelt und durcheinander geworfen, zum Theil abgebrochen oder zerschmettert, kurz eine Verwüstung ist hier angerichtet, welche das höchste Staunen erwecken muss und die fast noch ärger ist, als in dem oben beschriebenen Gr. Schmölener Brack. Zuletzt hat sich der Strom in die Elbe ergossen und dabei sehr bedeutende Sandmassen mitgerissen, welche sich meterhoch auf den Wiesen abgelagert haben.

Bemerkenswerth ist die Zähigkeit, mit welcher die Steinschlagdecke des chaussirten Weges der Gewalt des Stromes Widerstand geleistet hat; dieselbe ist auf der ganzen Strecke fast völlig unversehrt geblieben, und wenn zwar jede Spur von Sand zwischen den Steinbrocken fortgewaschen worden ist, so ist doch die Schüttung, selbst an den Stellen, wo sie unterspült worden war, nicht zerstört und zerrissen oder auch nur gespalten worden, sondern hat sich, wo der Sandkörper, auf welchem sie ruhte, fortgespült war, einfach gesenkt und ohne zu bersten, gleich einer weichen Decke, dem Boden wieder angeschmiegt.

Die gleiche Widerstandsfähigkeit hat die Steinschlagdecke der von Dömitz nach der Schleuse führenden Chaussée gezeigt, indem sie trotz des heftigen Stromes der über derselben hingegangen ist, an keiner Stelle aufgerissen worden ist.

Es unterliegt keinem Zweifel und liegt in der Natur der Sache, dass nichts geeigneter sein kann, eine Deichkappe vor Abspülungen zu bewahren, als Steinschlag. Das Mittel ist nicht gebräuchlich und auf jeden Fall ist es kostspielig, aber wenn man dereinst zu der Ueberzeugung gekommen sein wird, dass man überall, wo es Deiche giebt, immer mit Deichbrüchen zu rechnen hat, und dass man in sehr vielen Fällen hauptsächlich darauf hingewiesen sein wird, die Deiche so herzustellen, dass sie selbst tagelangen Ueberlauf aushalten können, dann wird die Befestigung der Deichkronen durch Steinschlag oder durch schweren Kies, als eines der besten Mittel gegen Kappenbrüche, hervorgesucht werden.

Während nun also ein Theil des von der Elde herkommenden Wassers seinen Ausweg bei Junker-Wehningen nach der Elbe zu fand, drang der übrige Theil weiter nördlich vor, aber auch hier scheint der Schnee dem Vorrücken wesentliche Hindernisse bereitet zu haben, wenigstens an der Stelle, wo das Wasser über den alten Schafdamm weg auf die westlich desselben belegene Junker-Wehninger Feldmark übertrat. Diese Stelle ist auf der Karte durch schlangenförmig gewundene Pfeile bezeichnet. Hier hat sich das Wasser offenbar eine Zeit lang aufgehalten und ein Becken gebildet; tief ausgespülte, später abgelaufene Bassins bezeichnen die Stelle, wo es gestanden oder vielmehr strudelnd gekreist hat, und kein anderer Grund ist für diesen Aufenthalt ausfindig zu machen, als eine durch vorausgeschobene Schneemassen verursachte Absperrung, welche indessen schliesslich dem steigenden Wasserdrucke hat weichen müssen. Für einen solchen Hergang sprechen nicht nur die erwähnten, durch das Wasser geschaffenen Bassins, deren Tiefe etwa 1 bis 1½ Meter beträgt, und die nur haben entstehen können, wenn das Wasser hier einige Zeit zurückgehalten wurde, sondern auch die Zeit, welche das letztere gebraucht hat, um von dem Schafdamm von 1834, bis nach Junker-Wehningen zu kommen, und die in der That um fast eine Stunde gegen die Zeit differirt, welche das längs der Chaussée abgeflossene Wasser bis dorthin gebraucht hat, und endlich die grosse Heftigkeit, mit welcher dieses Wasser schliesslich weiter gestürzt ist. In zwei Strömen hat sich dasselbe, von den Bassins aus, nach Junker-Wehningen selbst und über die Feldmark des Dorfes ergossen. Der eine Strom ist einem links und südwestlich nach dem Dorfe zu führenden Wege gefolgt, hat denselben tief aufgerissen, zu beiden Seiten eine Anzahl Bäume unterspült und durcheinander geworfen; der andere hat eine westliche Richtung eingeschlagen und einen zu beiden Seiten von einem Holzbestande eingefassten Streifen freien Landes in einen tiefen, noch im vorigen Herbst mit Wasser gefüllten Kanal umgewandelt und sich dann über die Felder ergossen, die er auf weite Strecken mit Sand bedeckt hat. Darauf sind die wieder vereinigten Wassermassen gegen Tripkau und Bohnenburg nach den Niederungen abgeflossen.

Zu derselben Zeit, in welcher das Wasser auf diesen durch den alten Schafdamm abgegrenzten Fluren seine Zerstörungen anrichtete, hat sich ein bedeutend ruhiger fliessender Strom nördlich dieses Dammes nach Schlonsberge und Havekenburg abgezweigt und ist trotz der grösseren Entfernung, die er bis dorthin zurückzulegen hatte, dennoch früher angelangt, als der südliche Strom beim Dorfe Junker-Wehningen, ein Beweis mehr, dass letzterer durch besondere Zwischenfälle aufgehalten worden ist.

Ich habe diese Vorgänge etwas ausführlicher behandelt, einerseits wegen der durch dieselben verursachten Umgestaltungen im Terrain, andrerseits aber wegen der wichtigen, tief eingreifenden Rolle, welche aller Wahrscheinlichkeit nach die Schneemassen dabei gespielt haben. Ist dieselbe an dieser Stelle zwar nicht durch Augenzeugen beglaubigt, so hat man doch an andern Orten, wie z. B. beim Gute Kietz, beobachten können, dass das Wasser durch hohe Schneewälle in seinem Laufe aufgehalten worden ist, bis es sich endlich mit Gewalt Bahn gebrochen hat.

Von nun an bewegen sich die Fluthen in ruhigerem Tempo und wenden sich, in zwei Arme getheilt, den westlich von Junker-Wehningen belegenen weiten Niederungen des alten Stromgebietes der Elbe zu. Sie theilen sich in einen nördlichen und einen südlichen Arm an der zwischen Tripkau und Havekenburg vorgeschobenen Spitze der grossen Carrenziener Forst, einem bewaldeten Höhenzuge, dessen bereits Erwähnung geschehen ist. Der nördlich abgezweigte

Arm überfluthete das Niederungsgebiet der Rögnitz, der südliche das Niederungsgebiet der Krainke. Wo diese beiden Flüsse in geringer Entfernung von einander in die Sude fallen, beginnt das Niederungsgebiet dieser letzteren.

Zunächst folgen wir dem vordringenden Wasser längs der Rögnitz. Da dieselbe von Havekenburg bis etwa Jessenitz gegenüber von ziemlich hohen Deichen eingefasst ist, so wurde die Fluth durch den linksseitigen Deich von deren Flussbette abgehalten, überschwemmte aber das Dorf Laave, trat in den Gutitzer Wald ein, setzte Grünenjäger unter Wasser und warf sich, am Ende der Rögnitz-Deiche angelangt, nunmehr nordwärts über den Fluss und entsandte einen Theil des Wassers rückwärts in die bis dahin verschont gebliebenen, niedrig belegenen Gebiete von Jessenitz, Volzrade, Benz und Vielank; der übrige Theil aber verfolgte seinen Weg in der Richtung zur Sude, ging über dieselbe hinweg nach Langenheide und drang bis an den Eisenbahndamm nach Brahlstorf vor, wandte sich dann westlich nach Besitz, wo es sich an dem dortigen sogenannten Schafdamm aufstaute, floss bei Blücher in den unteren Lauf der Schaale und Sude und drang bis an das Elbbett vor, bis wohin es am 24. März Morgens angelangt war.

Zu gleicher Zeit mit dem nördlich der grossen Carrenziener Forst abfliessenden Wasser, bewegte sich auch der bei Tripkau südlich abgezweigte Strom durch die Niederung zwischen der Elbe und dem Carrenziener Höhenzuge nach der Mündung der Sude; da er bereits in der Nähe der Havekenburg und bei Tripkau sich in die Krainke ergoss, so eilten seine Wasser denjenigen des nördlichen Zweiges etwas voraus, wie er denn auch grössere Wassermengen mit sich führte. Schon am Abend des 23. März war bei Niendorf ein Steigen der Krainke wahrnehmbar, aber etwas langsamer drang das Wasser auf den zwischen dieser und der Elbe belegenen Fluren vor; doch stand es bereits am 23. März Abends über $^1/_3$ Meter hoch in der Gegend von Neuhaus und floss südlich der Teldau bis zur sogenannten Bleckeder Schleuse, wo es sich etwas aufzustauen begann, um sich dann rückläufig gegen Niendorf zu wenden. Da die Sude mit Eis bedeckt und an ihrer Mündung durch das Elbeeis verstopft war, so fanden die fortwährend von oberhalb zuströmenden Wassermassen keinen rechten Abfluss, und es war vorauszusehen, dass die Niederung sich noch weiter mit Wasser anfüllen würde, aber von einer erheblichen Gefahr konnte vorläufig doch kaum die Rede sein. Da aber brach am 24. März der Elbdeich zuerst bei Popelau und gleich darauf bei Darchau, und nun brach das Unglück über die Teldau und über das Gebiet der unteren Sude und Schaale herein.

Bevor wir indessen diese Ereignisse weiter verfolgen, ist es nothwendig, die Deichbrüche von Landsatz und am Wulfsahl mit ihren Folgen und die Eis- und Wasserverhältnisse daselbst zu betrachten, da sie nicht ohne Einfluss auf die Brüche bei Popelau und Darchau gewesen sind.

Die Deichbrüche der Dannenberger Marsch. Broda.

Der bereits bekannten Eisstopfung an der Dömitzer Eisenbahnbrücke hatte sich in der Nacht vom 20. auf den 21. März, weiter unterhalb bei Strachau, eine zweite hinzugesellt, und der Schnee hatte dieselbe, gleich den oberen Eisstopfungen, fast bis zur Undurchlässigkeit verdichtet. In Folge dessen war das Wasser der Elbe oberhalb Strachau rasch gestiegen und hatte den Deich unter- und oberhalb Jasebeck überlaufen. Die Eismassen, welche langsam die Elbe hinabtrieben, waren grösstentheils auf die Werder und das Vorland gedrängt worden, hatten sich auf den Buhnen festgesetzt, eine Anzahl Bäume umgedrückt und sich in grossen Mengen, überall zerstreut, angehäuft, hatten aber einstweilen die Deiche noch nicht beschädigt. Dann aber war gegen Abend des 21. März der Strom, von Strachau aus, linksseitig rückläufig geworden und hatte an einer baumfreien Stelle nahe unterhalb Landsatz schwere Eisschollen auf den Deich geschoben. Dieselben hatten die Deichkappe beschädigt, das nachströmende Wasser hatte diese letztere am 21. März, Abends etwa um 9 Uhr, vollends zerstört und war mit ungeheurer Gewalt in's Land hineingebrochen. Auch hier, gleichwie an mehreren Stellen an der Lenzer Wische, lag der Bruch an derselben Stelle wie im Jahre 1805.

Die Bewohner von Landsatz hatten in der Voraussicht des Unglücks die gewöhnlichen Vorsichtsmaassregeln getroffen und ihr Vieh grösstentheils nach dem höher gelegenen Quickborn getrieben, wohin ihnen die Bewohner von Barnitz und Damnatz alsbald folgten. Trotz des bedeutenden Abflusses durch die mehr als 100 Meter breite Bruchstelle, fiel doch das Wasser in der Elbe wegen des starken Zuflusses von der Elde und von dem bei Junker-Wehningen entstandenen Seitenstrom fast garnicht. Dessenungeachtet befürchteten die Einwohner von Damnatz keinen weiteren Bruch. Dann aber, als am 23. März Vormittags bedeutende Eismassen von der Dömitzer Eisenbahnbrücke abgetrieben waren und nun auch die schon im Strombette vorhandenen Eismassen in lebhaftere Bewegung geriethen, ballte sich ein Theil derselben gleich unterhalb Damnatz zusammen und häufte sich zwischen dem dortigen Flügeldeich und den gegenüberliegenden ansteigenden Ufern der Brodaer Anhöhe zu einer schweren Eisstopfung an, welche gleichfalls durch Schneeschlamm verkittet, nun auch an dieser Stelle den Abfluss des Wassers hemmte. Die ungeheuren Eismassen, welche sich im Strombette bewegten, wurden zum Theil gegen den Damnatzer Deich gedrängt und hätten denselben unfehlbar umgerissen, wenn nicht die auf den Vorländereien stehenden Bäume und Baumgruppen das Eis aufgehalten hätten. Mit welcher vernichtenden Gewalt die Eismassen hier vorgedrungen sind, davon gaben noch im Herbst v. J. die gewaltigen Eichen Zeugniss, welche nebst einer Anzahl geringerer Bäume von dem gegen die Deiche anrückenden Eise geworfen worden waren; an einer Stelle waren einige Bäume gegen die Deichböschung gedrückt worden, hatten aber das vordringende Eis zum Stehen gebracht, und ein auf einer vorspringenden Ecke ausserdeichisch belegenes Haus war vor dem Untergange lediglich durch die in dem Garten vorhandenen Bäume bewahrt worden. Einige derselben, welche das Eis umgelegt hatte, sind mit vieler Mühe wieder aufgerichtet, durch Ketten in ihrer aufrechten Stellung erhalten und wieder ins Wachsthum gebracht worden. Wenn man den Schauplatz dieser Kämpfe — denn so darf man die Vorgänge an dieser Stelle wohl nennen — aufmerksam betrachtet, so ist man keinen Augenblick darüber im Zweifel, dass der Deich von Damnatz ohne die schützenden Bäume dem Eise etwa mitten vor dem Dorfe hätte unterliegen müssen. Die Gefahr für das letztere stieg übrigens, trotz der geschilderten Abwehr, fortwährend. Das Wasser begann an einer Stelle im Dorfe überzulaufen, und die Eisstopfung am Flügeldeich hemmte den Abfluss in dem Maasse, dass das Wasser, gleichwie am Tage zuvor bei Landsatz, rückläufig wurde, wobei es bedeutende Treibeismassen stromaufwärts führte, welche sich dann zum Theil gegen die vorspringenden Deiche am Wulfsahl schoben. Nun wurde es den Bewohnern von Damnatz klar, dass an irgend einer Stelle auch hier ein Deichbruch stattfinden müsse, und um 11 Uhr Abends am 23. März brach in der That der Deich am Wulfsahl, zugleich aber auch der Flügeldeich vor Damnatz. Sofort fiel das Wasser merklich und das Dorf hatte einen direkten Bruch nicht mehr zu fürchten.

Der Bruch am Wulfsahl hat sich in höchst bemerkenswerther Weise vollzogen. Der rückläufige Strom hat schwere Eismassen auf den Deich geschoben, welche dann zunächst an derjenigen Stelle einen Kappenbruch verursachten, wo schon im Jahre 1805 ein Bruch stattgefunden hatte, und unmittelbar darauf erfolgte in nächster Nähe ein zweiter Bruch. Zwischen beiden zusammen 370 Meter messenden Oeffnungen, war ein kurzes Stück von dem Deiche stehen geblieben, offenbar geschützt durch ein kleines Kiefernwäldchen, welches noch heute vorhanden ist und den Stoss von dieser Stelle abgehalten hat.

Während der Tage nun, an welchen Damnatz in Gefahr schwebte, war auch die kleine Ortschaft Broda, schräge gegenüber Wulfsahl am rechten Elbufer, von der fortwährend wachsenden Fluth ernstlich bedroht worden. Dieselbe liegt auf einer Bodenerhebung oberhalb Wendisch-Wehningen, welche dereinst eine Elbinsel gewesen zu sein scheint und die gegenwärtig durch einen Deich gegen den Andrang des Wassers bei Hochfluth geschützt wird. Vor etwa 15 Jahren hat man diesen Deich, dem Dorfe Damnatz gegenüber, verlängert, um die Ueberfluthung der weiter abwärts belegenen Bodenpartien des Terrainabschnittes zu verhindern, welcher dort gleiche Höhe mit den Vorländern zwischen Damnatz und Wulfsahl hat, und welcher bis zur Errichtung der neuen Deichverlängerung bei Hochfluthen, sowohl dem Wasser als dem Treibeise, die Wege offen liess.

Die Elbe macht hier einen sehr starken Bogen, während der natürliche Lauf die gerade Linie von Broda nach Wendisch-Wehningen nehmen würde, und in der That hat das Wasser sich diesen Weg schon wiederholt gewaltsam geöffnet, so auch im vorigen Frühjahre.

Seit dem 19. März war das Wasser am Brodaer Deiche fortwährend gestiegen und hatte am 21. März Abends eine so bedeutende Höhe erreicht, dass der Schutzdeich überzulaufen drohte; mit grosser Anstrengung wurde das Wasser von den Häusern abgehalten, aber in der Nacht des 22. März floss es dennoch über den Deich, zwischen den letzteren und dem Hohen Ufer, und binnen kürzester Zeit hatte es die Deichkappe fortgerissen und stürzte mit furchtbarer Gewalt nach Wendisch-Wehningen; ein Fallen des Wassers war indessen nicht bemerkbar. Als aber dann in der folgenden Nacht die erwähnten Brüche bei Wulfsahl und im Flügeldeich bei Damnatz eingetreten waren, da fiel das Wasser zusehends, und die geängstigten Bewohner durften sich endlich der Ruhe hingeben. Aber sie waren von jeder Verbindung mit dem Festlande abgeschnitten.

Man hat den zerstörten Deich von Broda wieder hergestellt, wobei er allerdings eine etwas veränderte Richtung bekommen hat. Ob er künftigen Hochfluthen gewachsen sein wird, ist äusserst fraglich, und es wäre vielleicht besser, der Elbe hier ihren natürlichen Lauf zu lassen, wie es denn auch rathsam sein möchte, den Deich nach der anderen Seite hin, bis auf eine zum unmittelbaren Schutz der Häuser dienende geringe Länge, abzutragen. Es unterliegt keinem

Zweifel, dass die vor etwa 15 Jahren neu hinzugekommene Deichstrecke den Abfluss des Wassers und den Abgang des Eises erheblich erschwert und also bei jeder Hochfluth die Spannung vermehrt, dadurch aber, abgesehen von der Gefahr welche sie dem Dorfe Damnatz bringt, auch Broda selbst ernstlich gefährdet.

Um die Lage, in welche bei Elbbrüchen die Dannenberger Marsch versetzt wird, gehörig würdigen zu können, ist es nothwendig, sich die Lage ihrer Deiche zu vergegenwärtigen.

Von dem hohen Ufer bei Langendorf beginnend, begleitet der Deich den Elbstrom vorüber Brandleben, Kaltenhof, Claasenhof, Hirtenhaus (auf der Generalstabskarte irrthümlich Fährhaus genannt), Damnatz, Barnitz, Landsatz und Jasebeck bis zu den Sandbergen nördlich von Penkefitz; wo diese Sandberge aufhören, setzt sich dann der Deich wieder in südlicher Richtung fort, beschreibt einen weiten Bogen um Predöhl und geht bis nahe an Dannenberg heran; dann passirt er Nebenstedt und Splietau und endet an der Stelle, wo die Dannenberg-Brandlebener Chaussée in den Forstort Seybruch eintritt. Von dort bis nach Langendorf lehnt sich die Marsch an die Anhöhen von Quickborn, Cacherin und Langendorf an. Mithin stellt die Dannenberger Marsch ein von Deichen und Anhöhen ringsum eingeschlossenes weites Bassin dar, aus welchem der Abfluss von Wasser nur nach der Jeetzel hin möglich ist, und zwar bei regelmässigen Zuständen durch die für diesen Zweck vorhandenen Schleusen, im Falle massenhaften Zustroms in Folge von Deichbrüchen an der Elbe aber mittelst Ueberlaufs über den Deich südlich von Predöhl, welcher von dort ab eigentlich als Jeetzeldeich auftritt, oder nach Durchbrechung desselben.

Bei der vorjährigen Hochfluth hatte das Wasser nun die ganze Dannenberger Marsch angefüllt und war am Tage nach dem Deichbruch bei Landsatz um 4 Uhr Morgens über den Eisenbahndamm gelaufen. Die Durchstechung des Jeetzeldeiches war also auf jeden Fall nothwendig. Unglücklicherweise versuchte man dieselbe, dem Rathe der Einwohner von Predöhl und Penkefitz entgegen, in der Nähe des erstgenannten Dorfes, an der ungünstigsten Stelle die man überhaupt wählen konnte. Denn einmal war der Deich hier sehr hoch, so dass es eines tief einschneidenden Durchstichs bedurfte und sodann bestand derselbe an dieser Stelle aus zähem Lehm, der so hart gefroren war, dass man nur mittelst der Spitzhake in denselben einzudringen vermochte, und es zeigte sich denn auch bald, dass es nothwendig sei, einen anderen Angriffspunkt zu wählen; aber die Zeit war ungenutzt verstrichen, und das Wasser hatte sich inzwischen selbst einen Ausweg gebahnt und zwar an einer so unglücklichen Stelle östlich der Eisenbahn, dass es nun direkt auf Dannenberg losstürmte. Etwa um 11 Uhr Abends am 22. März, also ziemlich genau vierundzwanzig Stunden nach dem Deichbruch bei Landsatz, überlief das Wasser unweit des Stahlhut'schen Gasthofes an der Chaussée den Deich zwischen dort und Nebenstedt, brach denselben und dann folgten einige kleinere Brüche dieseits und jenseits des Dorfes Splietau. Das Wasser ergoss sich nun in die Niederungen oberhalb Dannenberg, überfüllte das Jeetzelbett und setzte die ganze Stadt unter Wasser, letzterer um so mehr Schaden bringend, als es mit heftiger Strömung durch dieselbe hindurchfloss. Weiter stürmend unterspülte es die Eisenbahnbrücke bei Seerau, brachte dieselbe zum Einsturz und schnitt dadurch die Verbindung mit dem Bahnhof Hitzacker ab. Den unter Wasser gesetzten Dörfern der Marsch brachte dieser Bruch nur geringe Verlöschung, dann aber brach am 23. März Morgens um 9 Uhr auch der Deich nördlich der Eisenbahn, an der Stelle wo die Schleuse belegen ist, und nun floss das Wasser zur Jeetzel ab, auf dem Wege, den man ihm am Tage zuvor hätte öffnen sollen und auf dem es keinen bedeutenden Schaden hätte anrichten können; wäre dies rechtzeitig geschehen, dann wäre höchstwahrscheinlich der Deichbruch bei Stahlhut's Gasthof garnicht eingetreten und Dannenberg wäre lediglich von dem Rückstauwasser der Jeetzel, nicht aber unmittelbar von der Fluth betroffen worden.

Es war ein grosses Glück, dass der neue Bruch bereits da war, als der Deich bei Wulfsahl über den Haufen geworfen wurde, denn ohne diese 160 Meter breite Oeffnung hätten die Dörfer Penkefitz, Predöhl, Dambeck, Seedorf, Gümse und Breese noch weit mehr Wassersnoth gehabt als sie schliesslich hatten, und die ohnehin gross genug war. Zahlreiche Häuser standen weit über Mannshöhe unter Wasser und selbst gewaltige Eisschollen wurden weit ins Land hinein getrieben und erreichten u. a. das Dorf Seedorf.

Durch die zahlreichen Bruchstellen zog nun das Wasser allmählich zur Jeetzel und nach Hitzacker ab, setzte hier allerdings einige Strassen unter Wasser, konnte aber der Stadt nicht sehr gefährlich werden, und zwar weil nur einige Partien derselben niedriger liegen als die Deiche des gegenüber belegenen Elbufers. Doch hat die Jeetzelbrücke in grosser Gefahr geschwebt fortgerissen zu werden. Selbstverständlich hat es wochenlang gewährt bis die Dannenberger Marsch wieder wasserfrei war, und sehr umfangreich sind die Arbeiten gewesen, welche zur Abräumung der über weite Flächen ausgebreiteten Sandmassen nöthig waren.

Zur möglichsten Abwendung neuer Deichbrüche hat man die Deiche sowohl bei Landsatz als auch am Wulfsahl verlegt, so dass sie in Zukunft nicht so gefährliche Angriffspunkte bieten. Ob sie in ihrer neuen Gestalt Stand halten werden, muss die Zeit lehren.

Der Druck nun, welchen die durch die Jeetzelmündung bei Hitzacker zur Elbe abfliessenden Wassermassen auf das Elbfahrwasser ausübten, bewirkten bereits am Abend des 23. März die Lostrennung eines Theils des vor Hitzacker stehenden weitausgedehnten Eisfeldes; dasselbe trieb abwärts, wobei es vier von den bereits erwähnten Elbkähnen mit sich fortnahm, aber bei Bitter kam es bald darauf wieder zum Stehen. Als aber dann während der Nacht das von den aufgelösten Eisversetzungen bei Damnatz und Strachau herrührende Eis bei Hitzacker vorbei stromabwärts trieb, da schob es auch die erste Eisfläche wieder weiter, und die das Strombett hinunter treibenden Eisschollen waren so massenhaft, dass schon am Morgen des 24. März eine schwere Eisstopfung unterhalb Popelau entstand, an einer Stelle, wo in Folge von Sandablagerungen das Strombett ziemlich flach und die Fahrrinne schmal geworden war. In Popelau und Darchau scheint man von dieser Eisstopfung keine Kunde gehabt zu haben, denn obwohl das Wasser der Elbe gegen Abend fortwährend gestiegen war, so hatte man sich doch keinerlei ernsten Besorgnissen hingegeben, da man der Stärke der Deiche vertraute und diese noch am Abend, etwa um 9 Uhr, ziemlich viel Bord hatten.

Das von oberhalb abwärts treibende Eis hatte nun auf seinem Wege bis hierher, vielfach die Deiche bedroht und dieselben auch hie und da, wenn auch nicht erheblich, beschädigt. Wohl am meisten waren sie bei Prilipp gefährdet gewesen und zwar durch schwere Schollen Kerneis, welche aus dem sogenannten Prilipper Hacken, einem langgestreckten Bassin am Fusse des Elbdeiches, durch Wasser und Treibeis emporgehoben und gegen den letzteren gedrängt worden waren; sie würden denselben wahrscheinlich durchschnitten oder abgeschält haben, wenn man nicht eine genügende Anzahl jener starken, glatt bearbeiteten Stangen oder Sparren zur Hand gehabt hätte, welche bei Eisgang auf den Böschungen ausgelegt werden, um das Eis zum Aufsteigen zu bringen, wonach es dann, sobald es sich bis zu einer gewissen Höhe über der Krone emporgehoben hat, vorne zu brechen und auf diese Weise sich selbst den Weg zu verlegen pflegt. Sehr starkes Kerneis bricht indessen zuweilen nicht so bald, wie Darchau zu seinem Schaden hat erfahren müssen. Bei Prilipp hatte indessen die geschilderte Vorkehrung den gewünschten Erfolg gehabt, und weiter abwärts bei Privelak und Pommau, sowie an einigen andern Stellen, hatten die auf dem Vorlande, an den Rändern der Werder und am Fusse des Deiches vorhandenen Bäume, ähnlich wie bei Damnatz und stellenweise bei Landsatz, die Deiche geschützt. Noch jetzt sieht man auf der ganzen Linie von Damnatz bis Pommau und noch weiter abwärts die Spuren des Eisganges an den Bäumen, welche vielfach schief gedrückt, hin und wieder gebrochen, oder an Stamm und Rinde mehr oder weniger beschädigt worden sind, die dahinter liegenden Deiche aber vor Schaden bewahrt haben.

Die Deichbrüche von Popelau und Darchau. Die Teldau.

Aus der Sicherheit, in welcher sich die Bewohner von Popelau und Darchau gewiegt hatten, sollten sie noch vor Mitternacht des 24. März in schrecklicher Weise aufgestört werden, indem nämlich etwa um 11 Uhr Abends die Düne, welche bei Popelau die Stelle des Deiches seit undenklichen Zeiten vertreten hat, dem Drucke des Hochwassers nicht mehr Stand hielt, sondern allmählich zu weichen begann und binnen sehr kurzer Zeit, so zu sagen in's Land hineingeschoben wurde, so dass sie nicht etwa einen Kappenbruch, sondern einen Frontbruch erlitt, der einzige der an der Unterelbe im vorigen Frühjahr vorgekommen ist. Es ist nicht unwahrscheinlich, dass die Düne von einer starken Kerneisscholle, welche zwischen den vorliegenden Buhnen entstanden sein mag und durch die Düne hindurchgetrieben worden ist, gebrochen wurde, wenigstens lässt sich der Bruch, da ein Ueberlauf nicht stattgefunden hatte, auf keine andere Weise erklären. Ein derartiges Hindurchtreiben von Eisschollen ist keineswegs unerhört. Ganz in der Nähe und zwar oberhalb Darchau, an einer Stelle wo die Deichböschung mit schweren Granitsteinen gepflastert ist, hat sich am Tage des Darchauer Deichbruches eine gewaltige Scholle durch den Deich durchgeschoben, so dass sie mit ihrer Spitze an der Binnenseite zu Tage kam, und hat sogar einen schweren Granitstein vor sich hergeschoben, so dass dieser gleichfalls an der Binnenseite des Deiches herausgedrückt wurde, doch ist die Scholle im Deichkörper stecken geblieben und hat daher keinen Bruch veranlasst. Ganz derselbe Vorgang ist an derselben Stelle, wie Augenzeugen berichten, bereits bei der Hochfluth von 1855 vorgekommen, und ein ähnliches Ereigniss, nur in weit grösserem Maasstabe, kam in demselben Jahre bei Fliegenberg weiter unterhalb an der Elbe vor.

Der gewaltige Strom, welcher sich durch den Popelauer Bruch ins Land hineinwälzte, zog, wie dies naturgemäss in allen ähnlichen Fällen geschieht, die Wasser- und Eismassen aus dem Flussbette mit furchtbarer Gewalt nach sich. Die von unterhalb nachschiessende Strömung riss weitere Theile der Düne ab und brachte die auf derselben stehende Windmühle, nebst der Hälfte des zu derselben gehörigen Wohnhauses zum Einsturz, wobei sie die Trümmer der ersteren mehrere hundert Schritte weit ins Land hineinwarf. Die von oberhalb nachdrängenden Wassermassen aber wurden für Darchau verhängnissvoll, indem sie nämlich sehr bedeutende Eismassen mitbrachten, die sie dann gegen den Deich drängten und über die Kappe hinwegschoben, wobei letztere abgeschält und das auf dem Deich stehende, massiv erbaute zweistöckige Fährhaus, das zugleich Gasthaus war, so vollständig weggefegt wurde, dass nur einige wenige Fundamentsteine zurückblieben. Das nachstürzende Wasser riss den Deich unmittelbar darauf ganz fort, so dass also ein zweiter bedeutender Bruch entstand, und mit furchtbarer Gewalt stürzten Wasser und Eis sich nunmehr auf das Dorf Darchau.

Die über den Deich vorgedrungenen Eismassen, deren Spitze aus Kerneis bestand, wollten auch selbst dann noch nicht in Trümmer fallen, als sie das Fährhaus bereits fortgerissen hatten, stoppten also auch nicht, sondern setzten ihren Weg fort und würden auch das kleine, gegenwärtig noch vorhandene, Nebenhaus des Geweses, in welches sich die Bewohner geflüchtet hatten, umgerissen haben, wenn es nicht durch zwei Akazienbäume und einige dort aufgestapelte Gegenstände schliesslich doch noch aufgehalten und seitwärts abgewiesen worden wären; aber sie zerstörten weiter abwärts, im Verein mit der Strömung, die nächstbelegenen übrigen Wohnhäuser, Ställe und Scheunen, sieben an der Zahl, und brachten neun Menschen und einer Anzahl Vieh den Tod.

Man hat den Bewohnern von Popelau und besonders von Darchau den Vorwurf zu grosser Sorglosigkeit gemacht, aber derselbe trifft sie doch nicht in vollem Maasse mit Recht, denn sie konnten in der That einen Frontbruch in der Düne bei Popelau nicht voraussehen und ohne diesen wäre der Darchauer Bruch wahrscheinlich garnicht eingetreten.

Der neue vom Darchauer Fährhause bis zum Mühlengebäude nunmehr beinahe gerade gelegte, vorzüglich gebaute Deich, wird aller Wahrscheinlichkeit nach sowohl dem Andrange des Wassers als des Eises gewachsen sein.

Die gewaltigen Wasser- und Eismassen, welche sich durch die beiden Bruchstellen ins Land hinein ergossen, wandten sich zum Theil östlich in das Gebiet zwischen Krainke und Elbe, zum Theil aber stürmten sie nach Neuhaus längs der Chaussée, überall etwa in Brusthöhe die Spuren des mitfortgerissenen Eises an der Rinde der Bäume hinterlassend, worauf sie sich fächerförmig über die ganze Gegend, bis an den fernen Eisenbahndamm Brahlstorf-Boizenburg und bis hinab zum Ausflusse der Sude in die Elbe, ausbreiteten.

Zunächst folgen wir dem Wasser nach der zum Grossherzogthum Mecklenburg-Schwerin gehörigen Teldau.

Die Teldau,

ringsum von Deichen umgeben, gehört zu den fruchtbarsten, aber auch wegen ihrer überaus niedrigen Lage zu den am häufigsten vom Wasser heimgesuchten Partien der ganzen Elbniederung. Ihre westlichen und nördlichen Deiche, welche den Hochwassern der Sude und Krainke zu wehren bestimmt sind, haben ziemlich dieselbe Höhe wie der Elbdeich, dessen Fortsetzung sie sind, aber die südlichen und östlichen Deiche sind erheblich niedriger, weshalb sie denn bei jedem in der Nähe eintretenden Elbedeichbruche, überfluthet zu werden pflegen, was denn auch im vorigen Frühjahr geschehen ist. Es war nicht das von der Lenzer Wische herabkommende Wasser, welches über die Teldaudeiche hinwegtrat, sondern erst durch die Wassermassen, welche sich durch die Brüche von Popelau und Darchau ins Land hinein ergossen, würden sie überfluthet.

Etwas aufgehalten durch die über die ganze Gegend ausgebreiteten Schneemassen, gelangte das Wasser aus den gedachten Brüchen erst am 25. März Morgens 4 Uhr bis an die südliche Deichlinie der Teldau, aber es trat alsbald über dieselbe hinweg. Das ganze Bassin füllte sich rasch, und das Wasser stieg im Laufe des Tages so hoch, dass die Deiche an der Sude und Krainke von innen heraus überliefen.

So empfindlich die Bewohner, welche ihre Wohnplätze im Innern des Teldau-Bodens haben, auch von der Fluth betroffen wurden, so konnten sie derselben doch mit mehr Gelassenheit zusehen, als derjenige Theil der Bevölkerung, welcher auf den Deichen wohnt, denn die ersteren hatten zwar den Eintritt des Wassers in ihre Gebäude, nicht aber die Strömung zu fürchten, welche sobald das Wasser über die Deiche läuft, alles fortzureissen droht, was auf denselben vorhanden ist. Eine derartige Strömung traf insbesondere das auf der nördlichen

Deichlinie stehende Dorf Soltow und das Fährhaus bei Timkenberg, gegenüber Besitz. Das Wasser ergoss sich mit Heftigkeit über die Deiche, fiel in die Sude und Krainke, und nur mit der grössten Anstrengung konnten die auf dem ersteren stehenden Häuser gehalten werden. Die Deiche brachen sogar an verschiedenen Stellen und zwar zumeist in der Nähe der Gebäude durch, welches letztere sich daraus erklärt, dass die Deichkappe in der Nähe der Gebäude gewöhnlich etwas niedriger ist, als in einiger Entfernung von denselben, was zur Folge hat, dass die Stromgeschwindigkeit neben den Häusern eine vergrösserte ist; so war es auch hier, und einige Häuser standen daher zwischen zwei Brüchen. Auffälligerweise war der Schaden doch nicht so bedeutend, wie man zu erwarten berechtigt war, und kein einziges Haus ist fortgerissen worden. Die Insassen hatten zwar, wegen der Ungewissheit ihrer in der That furchtbaren Lage, ihre Wohnungen grösstentheils verlassen, nachdem sie alles mögliche gethan, um dieselben zu schützen, aber sie konnten schon am folgenden Tage wieder zu denselben zurückkehren, und glücklicherweise war kein Menschenleben verloren gegangen; auch das Vieh hatte in den oberen Räumen der Gebäude die Gefahr glücklich überstanden.

Die Lage der unglücklichen Menschen war eine sehr traurige, und die Verluste, von denen sie betroffen, waren sehr empfindlich. Abgeschnitten von jeder Verbindung, fristeten sie in den durchlöcherten, durchnässten Häusern ohne Oefen, bei Kälte und Unwetter, ein schreckliches Dasein, und lange noch mussten sie von auswärts mit Lebensmitteln versehen werden.

Die eigentliche Gefahr hatte übrigens ihr Ende erreicht, sobald die Krainke und Sude so hoch mit Wasser angefüllt waren, dass dasselbe auf beiden Seiten des Deiches gleiche Höhe erreicht hatte, was ziemlich bald eintrat.

Handelt es sich nun um die Frage, auf welche Weise derartigen Ereignissen in Zukunft entgegengewirkt werden kann, so lautet die Antwort wenig tröstlich, denn das einzige was hier zu thun ist, beschränkt sich darauf, dass auch nicht die geringste Einsenkung in der Deichkrone in der Nähe der Gebäude geduldet, und dafür Sorge getragen wird, dass die von den Gebäuden entfernt liegenden Deichkronen nirgends höher, sondern eher niedriger sind als die Baustellen, damit sich bei überlaufendem Wasser der Strom von den Häusern fern halte und sich dort hinwende, wo die Deiche niedriger gehalten sind. Im Allgemeinen hat man zwar auf kontinuirlich gleichbleibendes Gefälle zu halten, aber bei Verhältnissen, wie sie hier liegen, wird man von dieser Regel abweichen dürfen. Empfehlenswerth dürfte es sein, Erdanschüttungen hinter den Häusern anzubringen und dieselben mit Bäumen zu bepflanzen, bis zu deren Heranwachsen aber Eisbrecher oder einiges Pfahlwerk anzubringen, an welches sich ein passendes Aufdeichungsmaterial anlehnen lässt.

Die Wassermassen von Popelau und Darchau hatten nun die östlich von der Teldau belegenen Dörfer Sumte und Krusendorf etwas früher erreicht als diese und hatten alsbald das Dorf Niendorf a. d. Krainke überfluthet. Dasselbe liegt in langer Linie auf einer deichartigen Erhöhung, welche gegen die Krainke ziemlich steil abfällt, ähnlich wie im Dorf Seedorf a. d. Löcknitz, von welchem vorhergehend die Rede gewesen ist. Im Gegensatze zu Seedorf wurde Niendorf nicht von dem Flusse aus, sondern von der entgegengesetzten Seite von der Fluth getroffen, so dass das Wasser nach dem Flusse zu die Böschung hinabstürzte.

Die Strömung im Dorfbereiche war um so heftiger, als der nördlich ausserhalb des Dorfes sich fortsetzende Deich höher ist als die Dorflage, was natürlich eine Vermehrung der Strömungsgeschwindigkeit für letztere zur Folge hatte.

Wenn dessenungeachtet keine erhebliche Abspülungen vorgekommen sind, so hat dies seinen Grund hauptsächlich darin gehabt, dass die Deichböschung hart gefroren war und dass dieselbe mit Bäumen bestockt ist. Wo letztere gefehlt haben, sind auch meistens einige Abspülungen vorgekommen.

Auch für Niendorf hatte die grösste Gefahr ihr Ende erreicht, als der Wasserstand zu beiden Seiten der Dorflage sich ausgeglichen hatte und die Strömung aufhörte. Der Schaden an den Gebäuden war verhältnissmässig nicht sehr bedeutend und Verluste an Menschenleben waren nicht zu beklagen. Vieh war garnicht ertrunken.

Das Wasser nun, nachdem es jenseits der Krainke Dellien und Preten überschwemmt, an Sückau vorübergegangen war und die Sude überfluthet hatte, traf mit dem nördlich um die Carrenziener Forst noch fortwährend von den Brüchen an der Wische zufliessenden Wasser zusammen, bewirkte ein ferneres Steigen desselben diesseits des Brahlsdorf-Boizenburger Eisenbahndammes und nahm seinen Weg über Kuhlenfeld und um Besitz herum nach dem Dorfe Blücher. Der östlich von Besitz belegene Schafdamm, der dem etwa von Süden kommenden Wasser zu wehren hat, brach durch und verstärkte die Fluthwelle, welche bereits auf dem so eben beschriebenen Wege Blücher bedrohte.

Hier hatte ein ziemlich heftiger Westwind das auf den überschwemmten Wiesen der Sude und Schaale befindliche Eis zertrümmert und trieb dasselbe gegen die Häusergruppe, welche den südlichen Ausläufer des Dorfes Blücher bildet, warf einige Bäume am Wiesenrande und in den dortigen Gärten um und beschädigte mehrere Häuser; an eine Gefahr von der anderen, östlichen Seite dachte Niemand. Als aber dann zum namenlosen Schrecken der Bewohner plötzlich, in Folge des soeben erwähnten Durchbruchs am Schafdamm, eine gewaltige Fluthwelle von Osten über die Felder heranbrauste und in wenigen Minuten die ganze soeben erwähnte Häusergruppe überschwemmte, wusste Niemand wie hoch dieselbe etwa ansteigen und wie lange die Strömung anhalten würde; und so war es denn erklärlich genug, dass die geängstigten Menschen sich zur Flucht entschlossen, zumal da man ihnen von den höher belegenen Theilen des Dorfes mit Böten zu Hülfe kam. Der Wunsch einerseits, schleunige Hülfe zu bringen, die Furcht andrerseits, unter den Trümmern der von einer heftigen Strömung umbrausten Häuser begraben zu werden, machte sämmtliche Betheiligte blind gegen die Gefahr, denen die Böte ausgesetzt waren, und die Folge war, dass bei dem Rettungsversuche nicht weniger als neun Menschen ertranken, während von den Häusern, die man verlassen zu müssen glaubte, kein einziges eingestürzt war!

Also auch hier hätte, wenn die Einwohner über die Niveau-Verhältnisse und über die mögliche Maximalhöhe der Fluth besser unterrichtet gewesen wären, viel Unglück verhütet werden und viel Angst erspart bleiben können.

Zerstörung der Eisstopfungen von Barförde, Brackede, Bleckede und Strachau.

Mit dem Unglück von Blücher war nun die Reihe der durch das Darchauer Wasser verursachten Zerstörungen abgeschlossen und das letztere suchte nunmehr einen Ausweg nach der Elbe, den es nur durch die Sude und über die Wiesen bei Boizenburg gewinnen konnte. Es waren ungeheure Wassermassen, welche hier zum Abfluss kommen sollten, denn die ganzen rechtselbischen Niederungen, in einer Länge von etwa acht geographischen Meilen, bildeten eine einzige weite Wasserfläche. Durch die Bruchstellen an der Lenzer Wische und bei Darchau wurden fortwährend neue Wassermassen zugeführt und das Elbbett selbst führte verhältnissmässig wenig nach unten ab, da dasselbe von Bleckede bis Brackede noch immer durch Eisanhäufungen verschlossen war.

Doch hatte die Eisversetzung bei der Brackede-Boizenburger Fährstelle einigen Abbruch erlitten und zwar in Folge des Druckes, den die Sude auf dieselbe ausgeübt hatte. Ein Theil der daselbst und bei Boizenburg angehäuften Eismassen war schon am 25. März Vormittags abwärts getrieben, hatte sich aber unterhalb Barförde, unweit der Lauenburger Eisenbahnbrücke, wieder gesetzt, an einer Stelle, an der die Fahrrinne durch eine Sandanhäufung eingeengt war, und hatte dieselbe verstopft. Ein weithin sichtbarer, mehr als haushoch aufgethürmter Eiskegel zeigte die Stelle, wo diese neue Eisstopfung sich gebildet hatte.

Obwohl es nahe lag, dass durch dieselbe eine Wasseranschwellung verursacht werden würde, welche für die Elbniederung des Landes Lüneburg und selbst für die Stadt Lauenburg gefährlich werden konnte, wurde derselben doch von letzterer aus kaum einige Beachtung geschenkt; desto aufmerksamer aber waren die unmittelbar gefährdeten Dörfer links von der Elbe. Dieselben schafften Aufdeichungsmaterial herbei und von den weiter landeinwärts belegenen Dörfern wurden seitens der Behörden Mannschaften an den Deich beordert. Diese letzteren erklärten indessen schon in der Nacht des 26. März nach ihren Dörfern zurückkehren zu wollen, und zwar weil im Falle eines Durchbruchs ihre Anwesenheit dort unbedingt nothwendig sei.

In der That handelte es sich am 27. März Morgens nur noch um einige Stunden, dann musste der Deich bei Barförde überlaufen, und ein Kappenbruch, mit ihm die Ueberschwemmung der weiten Niederungen des Landes Lüneburg, war die unausbleibliche Folge.

Nur noch die im Hafen von Lauenburg am Abend des 26. März eingetroffenen eisernen Dampfschiffe, von denen vorhergehend die Rede gewesen ist, konnten die ersehnte Rettung bringen, und nicht vergeblich hatte man auf ihre Hülfe gehofft.

Für diejenigen Leser, welche keine Gelegenheit gehabt haben, einer Eissprengung durch Dampfschiffe beizuwohnen oder einer solchen aus nächster Nähe zuzusehen, wird eine Schilderung des Herganges bei Zertrümmerung der Barförder Eisversetzung und der weiten Eisfelder zwischen Brackede und Bleckede, welche drei Tage in Anspruch genommen hat, vielleicht von Interesse sein.

Am 27. März Morgens war das Wasser der Elbe bei Lauenburg auf beinahe fünf Meter über Null gestiegen, und es war vorauszusehen, dass dasselbe noch höher anschwellen würde, sobald die nahe Eisstopfung bei Barförde, hinter deren Mauern es sich angestaut hatte, durchbrochen sein würde; bei der unzulänglichen Höhe der Joche der Eisenbahnbrücke war es daher nicht ausgeschlossen, dass die Fluth sich so hoch erheben würde, dass die Schiffe die Brücke nicht mehr unterlaufen konnten; und da nun die Joche der Drehbrücke noch immer durch schwere Eismassen verstopft waren, so war es nothwendig, dieselben, oder doch wenigstens eines derselben, frei zu machen. Zu diesem Zwecke blieb das kleinste der fünf Schiffe, der »Aktiv«, mit einer Anzahl Pioniere dort zurück, während die vier übrigen, der »Superb«, »Helgoland«, »Julius« und »Frida«, gegen die Eisanhäufung anrückten. Zunächst durchschnitten sie einige treibende, unbedeutende Eisfelder ohne viel Mühe, dann griffen sie die haushohen Eisberge an, indem sie mit voller Kraft auf dieselben losfuhren. Mit ihrem scharfen Bug schnitten sie in die aus einer wirren Anhäufung von Eisschollen bestehende Front ein, gingen dann etwas zurück und führten sofort einen neuen Stoss auf dieselbe Stelle; aber die starke Eiswand schien unerschütterlich zu sein. Die Schiffe stiegen im Anrennen mit dem Bug hoch an derselben auf, rissen zwar einige Schollen von derselben ab, aber eine irgend erhebliche Wirkung war nicht wahrzunehmen. Da erhielten sie Befehl, einen gemeinschaftlichen Frontangriff zu machen; sie fuhren zunächst rückwärts, ordneten sich dann mit geringen Abständen in gerader Linie, und auf ein gegebenes Signal fuhren sie mit aller Kraft auf die Eismassen los. Aber diese rührten sich nicht. Zum zweiten Male wurde der Ansturm wiederholt, allein mit kaum grösserem Erfolge; aber unermüdlich wurde der Angriff fortgesetzt und endlich fielen grössere Eismassen ab. Es war ein imposanter Anblick, wenn die Schiffe an der Front der Verwallung emporstiegen und sich nach hinten so tief senkten, dass sie Wasser zu schöpfen drohten; sie legten sich beinahe um, wenn auf der einen Seite die Schollen abfielen, während sie auf der anderen Seite feststanden, und gleich Nussschalen wurden sie von dem in heftige Bewegung gerathenen Wasser hin und her geworfen. Nachgerade stürzten aber grössere Eismassen ab, welche indessen bald die freie Bewegung der Schiffe hinderten, wodurch dann diese in Gefahr geriethen, sich unter einander anzurennen, was auch wiederholt schon geschehen war. Es wurde nothwendig, mehr Abstand zu nehmen und so erhielten denn die Schiffe den Befehl, wieder getrennt zu arbeiten.

Das Fahrwasser füllte sich mehr und mehr mit abgestossenen Eisschollen und nach mehrstündiger Arbeit kamen grosse, nicht unmittelbar von den Schiffen losgetrennte Schollen aus der Tiefe des Wassers herauf; ihre dunklere Färbung verrieth, dass sie auf dem Grunde des Stromes im Schlamm festgesessen hatten. Ein Freudenruf begrüsste dieselben, denn sie liessen erkennen, dass das jenseitige Wasser sich unter dem gewaltigen Eiswall hindurch seine Wege gebahnt hatte und dass dieser letztere nun in seinen Grundfesten erschüttert war. Immer mehr und immer grössere Schollen schnellten aus der Tiefe an die Oberfläche des Stromes empor und schlugen mit hämmerndem Geräusch gegen die Eisenplanken der Schiffe, welche ihrerseits knirschend sich weiter in die noch immer vor ihnen aufgethürmten Eishaufen einbohrten; aber endlich erreichte das wilde Durcheinander einen so hohen Grad, dass Steuer und Schrauben verloren zu gehen drohten, und die Menge der abtreibenden Schollen wuchs in dem Maasse, dass zu befürchten stand, sie würden den Schiffen den Rückweg verlegen. Das Zeichen zum Rückzuge wurde gegeben, aber in demselben Augenblicke setzten sich auch schon die ganzen ungeheuren Eismassen in Bewegung, begleitet von dem Getöse der zusammenbrechenden Eiskegel, welche hie und da noch aus der Hauptmasse emporragten. Die kleinen Schiffe hatten den Koloss glücklich besiegt, aber nun wurde es Zeit an die eigene Sicherheit zu denken und mit voller Dampfkraft eilten sie daher dem Hafen von Lauenburg zu, die Eisenbahnbrücke noch unterlaufend, da das Wasser nicht bis zu der befürchteten Höhe angeschwollen war. Uebrigens war es den Pionieren gelungen, das eine der beiden Joche der Drehbrücke mittelst Sprengung fahrbar zu machen.

Jetzt musste zunächst das Vorbeitreiben des Eises abgewartet werden. Etwa zwei Stunden hielt dasselbe an, dann war das Fahrwasser so ziemlich frei geworden und nun ging es aufwärts nach Boizenburg und Brackede. Im Vorüberfahren wurden die Schiffe von den Einwohnern von Barförde, die sich in grosser Zahl auf dem Deiche eingefunden hatten, mit Hüte- und Tücherschwenken begrüsst, als Zeichen der Freude und des Dankes für die Befreiung aus einer furchtbaren Gefahr.

Unweit Boizenburg stiessen die Schiffe bereits wieder auf Eis, welches indessen nicht zu der alten Brackeder Eisversetzung, sondern zu den Eismassen gehörte, welche in Folge des Wasserdruckes der Sude vorgeschoben worden waren, und die also schwächer waren und bei weitem weniger Widerstand leisteten, als die Eismassen, welche dem Strombette der Elbe angehört hatten. Doch wurden die Eismassen schwerer und der Widerstand bedeutender, nachdem man die Fährstelle von Brackede passirt hatte, denn hier standen noch unberührt und unerschüttert die Eismassen, welche seit Ende Februar sich hier festgeschoben hatten. Die Arbeit ging daher langsamer von Statten, zumal da man bedacht sein musste, nicht zu grosse Eisschollen abwärts zu schicken, da diese leicht neue Eisstopfungen hätten verursachen können. Schon waren die Schiffe beinahe bis an das östliche

Ende des Dorfes Brackede gelangt, als sie genöthigt wurden, sich seitwärts und theilweise sogar wieder rückwärts zu wenden, indem nämlich ein weit ausgedehntes Eisfeld, von der Sudemündung und von Schwarzwasser kommend, langsam in das Strombett der Elbe hineintrieb und den Schiffen den Rückweg abzuschneiden drohte. Nach allen Richtungen hin durchschnitten daher die Schiffe diese Eisfläche, brachten die losgetrennten Schollen ins Treiben und sandten sie auf diese Weise den Strom hinab. Dann wandten sie sich wieder den oberhalb stehenden, schwereren Eisfeldern zu, um auch diese in allmählichem Vorrücken zu zerstückeln. Selbst als ungeheure Eisflächen, etwa bei der scharfen Deichecke von Brackede, sich ablösten und ins Treiben geriethen, wurde die Arbeit nicht eingestellt, obwohl sie gefährlich genug war; denn wenn die Schiffe etwa seitwärts vor den Strom geriethen, konnten sie leicht vom Eise gequetscht werden und zu Grunde gehen. Aber die Schiffsführer, im Vertrauen auf den unerschrockenen, trefflichen Befehlshaber der Flottille, schienen keine Gefahren zu kennen. Jedes einzelne Schiff arbeitete mit bewundernswürdiger Energie und der Führer des »Superb« wagte es sogar wiederholt, in weitem Bogen die Eisfläche zu durchschneiden, um auf diese Weise um so grössere Theile von derselben abzutrennen, welche er dann den anderen weniger kräftigen Schiffen zur weiteren Zerkleinerung überliess. Er musste die Leistungsfähigkeit seines Fahrzeuges sehr genau kennen, wenn er ein solches Wagestück unternahm, denn wenn er nicht durchkam, sondern sich festrannte, brachte er das Schiff in die grösste Gefahr, und in der That war er in einem Falle nahe daran, Schaden an der Schraube oder am Steuer zu nehmen, was ihn indessen nicht abhielt, sein kühnes Manöver noch mehrmals zu wiederholen.

Aber so ausdauernd die Schiffe auch arbeiten mochten, so war doch keine Aussicht vorhanden an diesem Tage noch nach Bleckede vorzudringen, vielmehr musste eine Stunde vor Sonnenuntergang die Arbeit an dieser Stelle abgebrochen werden, denn bevor man in den Hafen von Boizenburg einlaufen konnte, war noch das grosse Eisfeld zu zertrümmern, welches sich vor diesen letzteren gelegt hatte.

Es begann bereits zu dämmern, als die Schiffe nach ihrem harten Tagewerke in den Hafen einliefen.

Am nächsten Morgen lag dichter Nebel über der Elbe.

Zunächst mussten Kohlen eingenommen werden, und man gab sich der Hoffnung hin, dass es sich inzwischen aufklären würde, sah sich indessen getäuscht. Trotzdem lief die Flotille aus, um ihr Zerstörungswerk wieder aufzunehmen, ein Wagestück sehr ernster Art, da man, auf dem Strom angelangt, nach keiner Seite hin Land sehen konnte und also weder zu beurtheilen vermochte, ob das Eisfeld in welchem gearbeitet wurde, stille stand oder den Strom hinab trieb, noch ob man im Fahrwasser selbst sich befand oder den seitwärts anstossenden Untiefen sich näherte. Geschah letzteres einem der Schiffe, gerieth es also auf den Grund, dann lief es die grösste Gefahr, von dem treibenden Eise erdrückt zu werden, oder dasselbe schob sich sogar über demselben hinweg.

In der That überzeugte man sich, als endlich der Nebel sich zertheilte, dass die weite Eisfläche, in der seit einigen Stunden gearbeitet worden, im Treiben begriffen war; aber die Schiffe befanden sich zum Glück sämmtlich im Fahrwasser.

Die Fortschritte, welche an diesem Tage gemacht wurden, blieben wegen der massenhaften Eisanhäufungen, denen man begegnete und welche oberhalb Brackede wieder völlig feststehend angetroffen wurden, weit hinter dem gesteckten Ziele zurück; anstatt Bleckede zu erreichen, war man kurz vor Abend erst halbwegs, und zwar bei Heisterbusch, angelangt, einem kleinen, einsam am Strombette ausserhalb des Deiches belegenen Gehöft, in welchem, beiläufig bemerkt, nur noch der Besitzer einsam die Wache hielt, allerdings gegen treibende Eisschollen geschützt durch mächtige Eichen, welche die Gebäude umgeben. Dort musste man umkehren, wenn man noch vor Dunkelwerden den Hafen von Boizenburg wieder erreichen wollte.

Früh am Morgen des 29. März liefen dann die Schiffe wieder aus und hatten etwas leichtere Arbeit, vielleicht weil die oberhalb stehenden Eismassen durch die lebhafter gewordene Strömung bereits erschüttert worden waren, aller Wahrscheinlichkeit nach aber auch weil die seit dem 24. März bereits herrschende wärmere Witterung das Eis mürbe gemacht hatte; genug, es gelang, das ganze Eisfeld bis ans Ende, über Bleckede hinaus, zu zerstören, und gegen 6 Uhr lief die kleine Flottille in den Hafen von Hitzacker ein.

Die Arbeit schien vollendet, aber kaum hatte die Besatzung die Schiffe verlassen, als von Wussegel aus Boten anlangten, welche über eine bei Strachau, besonders aber bei Bohnenburg, von Neuem drohende Gefahr berichteten und um schleunige Hülfe baten. Es hatte sich nämlich im Laufe des Tages eine neue Eisstopfung bei Strachau aus den Eismassen gebildet, welche an der Dömitzer Eisenbahnbrücke an demselben Tage und am Tage zuvor durch die Pioniere losgesprengt worden waren, um endlich auch dort dem Wasser den nun bereits seit dem 20. März verwehrten Durchgang zu öffnen; dass sich diese Eismassen abwärts noch einmal wieder zu einer Eisstopfung zusammenballen würden, konnte Niemand voraussetzen; aber bemerkenswerth ist es, dass dies an derselben Stelle geschehen war, an der sich kurz zuvor bereits einmal eine, vorhergehend wiederholt erwähnte, Eisstopfung gebildet hatte.

Die bereits ausgelöschten Feuer wurden wieder angezündet, die Kessel auf's Neue geheizt und trotz der hereinbrechenden Nacht ging es auf den Strom hinaus, um den Bedrängten Hülfe zu bringen.

Leichter als man zu hoffen gewagt, erlag die Eisanhäufung den Angriffen der Schiffe, so dass diese schon um 9 Uhr Abends von ihrem gewagten Unternehmen in den Hafen von Hitzacker wieder zurückkehren konnten. Jetzt war in der That, am Gründonnerstag Abend, die letzte Eisgefahr beseitigt, und das Fahrwasser der Elbe war auf der ganzen Linie wieder frei.

Die unmittelbare grösste Gefahr für Leben und Eigenthum war damit überwunden, aber lange Wochen währte es noch, bevor die überschwemmten Fluren wieder zugänglich und bestellungsfähig geworden waren.

Zehn Tage hatten sich die Ereignisse, ein's schrecklicher als das andere, gejagt, hatten unglaubliche Verluste im Gefolge gehabt und manches Menschenleben war dabei verloren gegangen.

Möchten die heimgesuchten Gegenden möglichst lange vor ähnlichem Unglück bewahrt bleiben, die richtigen Mittel zur Abwehr, erkannt und angewendet, zugleich aber auch die Bevölkerung in den Niederungen bei wieder vorkommenden Hochfluthen besser vorbereitet und orientirt gefunden werden, als dies im vorigen Frühjahr im Allgemeinen der Fall war.

Natur und Bekämpfung der Eisstopfungen. Eisschiffe. Baggerungen.

Wer die Vorgänge an der Unterelbe im Frühjahr 1888 mit Aufmerksamkeit beobachtet und verfolgt hat, dem wird es nicht entgangen sein, dass die Eisstopfungen, welche die Strombetten versperren, zwei wesentlich verschiedenen Klassen angehören. Während die einen unter der Einwirkung lange anhaltender Kälte allmählich entstehen und nach und nach an Stärke und Dichtigkeit zunehmen, ballen sich die anderen bei hohen Wasserständen rasch und oft unerwartet aus lebhaft treibenden Eisschollen, selbst nach eingetretenem Thauwetter, an irgend einer Stelle des Strombettes zusammen, das sie dann gleich den ersteren verstopfen.

Beide sind in gleichem Maasse geeignet, Wasseranschwellungen zu verursachen, welche dann oftmals zu Deichbrüchen führen, und wenn im vergangenen Frühjahr ausschliesslich die letztere Klasse diese Wirkung gehabt hat, so erklärt sich dies aus zufälligen Umständen, wie solche vielleicht niemals oder doch nur selten wieder eintreten werden.

Der durchaus verschiedene Charakter der beiden geschilderten Eisversetzungen erheischt naturgemäss auch verschiedene Mittel bei deren Bekämpfung, und um die richtigen Wege zu finden, ist es nothwendig, dass man sowohl die Art der Entstehung als auch das eigenthümliche Verhalten beider genau kennt.

Wenn ein grösserer Strom bei niedrigem Wasser mit Treibeis geht, dann werden sich alsbald an denjenigen Stellen des Fahrwassers, welche scharfe Biegungen machen, oder wo in Folge von Sandablagerungen Stromengen entstanden sind, Eisanhäufungen einfinden, welche, anfangs unbedeutend, allmählich durch fernere Anlandung von Eisschollen sich vergrössern.

Etwa nachfolgendes Treibeis wird diese Anhäufungen von Zeit zu Zeit verstärken, ein Theil der Eisschollen wird sich zu den Seiten der Fahrrinne ablagern und letztere wird allmählich in dem Maasse eingeengt werden, dass das Eis zum Stehen kommt, zunächst vielleicht nur auf der Oberfläche des Wassers.

Fernerhin nachfolgendes Treibeis wird sich unter die entstandene Eisdecke schieben und die Abflussrinne theilweise ausfüllen, das Wasser wird nach den Seiten hin andere Auswege suchen, wird neu hinzukommendes Eis dorthin abführen und ablagern, bis dann endlich das Strombett überall dergestalt mit Eisschollen übersäet und versperrt ist, dass zwar das Wasser noch seine Abflusswege findet, nicht aber die etwa noch von oberhalb anlangenden Eisschollen, vielmehr werden diese zurückgehalten werden und sich nach und nach in dem Maasse häufen, dass sie auf den Grund zu stehen kommen. Wenn derartige Anhäufungen dann nicht durch etwa eintretendes Thauwetter aufgelöst oder gewaltsam zerstört werden, so müssen sie sich jedesmal, wenn neue Eismassen von oberhalb antreiben, stromaufwärts verlängern und weit ausgedehnte Eisfelder bilden.

Auf solche Weise haben sich die beiden Eisversetzungen auf den Strecken Geesthacht-Lauenburg und Brackede-Bleckede, erstere bereits Anfang Januar, letztere etwa Ende Februar 1888 gebildet.

Dass man diese Art von Eisstopfungen mit Sprengstoffen oder durch Schiffe jederzeit zerstören kann, ist durch mehrfach gemachte Erfahrungen hinreichend dargethan, aber man wird zur eigentlichen

Winterszeit und bei starkem Frost in der Regel keine Veranlassung haben, sich damit zu beeilen; sobald aber bei herannahendem Frühjahr die Gefahr einer plötzlich eintretenden Wasserzufuhr heranrückt, wird man nicht zögern dürfen, dieselben zu brechen, wobei selbstverständlich die unterhalb anstehenden Sperrungen zunächst in Angriff genommen werden müssen und zwar weil sonst leicht die stromaufwärts Wohnenden in die Lage versetzt werden, selbst bei drohender eigener Gefahr mit der Zerstörung dort etwa vorhandener Eisstopfungen warten zu müssen, bis nach unterhalb freie Bahn geschafft ist.

Dass es unter diesen Gesichtspunkten im hohen Grade bedenklich ist, wenn wie bisher, auch noch ferner die einzelnen Deichverbände bei der Befugniss belassen werden, selbstständig und ohne Rücksicht auf die Nachbarverbände darüber zu entscheiden, ob zu Sprengungen im Strombette geschritten werden solle oder nicht, darüber können nicht zweierlei Meinungen herrschen. Lediglich dieses Verhältniss ist Ursache gewesen, dass im vorigen Frühjahr erst in letzter Stunde zur Beseitigung der Eisstopfung bei Geesthacht und aufwärts geschritten wurde. Es besteht kein Zweifel darüber, dass dies früher geschehen sein würde, wenn die Entscheidung bei der Strombauverwaltung gelegen hätte, diese also zu selbstständigem Vorgehen berechtigt und dafür verantwortlich gewesen wäre, das Strombett zur Abwendung etwa eintretender Gefahren rechtzeitig zu öffnen.*)

Dass durch diese Verzögerung diesmal kein Unglück entstanden ist, kann das soeben Gesagte nicht entkräften, denn nur dem Umstande, dass die Ereignisse eine eigentlich völlig unerwartete Wendung genommen haben, ist es zu danken, dass nicht auf den Strecken Geesthacht-Lauenburg und Brackede-Bleckede, sondern weiter oberhalb an der Lenzer Wische, die ersten Deichbrüche stattfanden, denen dann andere, bis Darchau abwärts, gefolgt sind; dieselben haben in keinen Beziehungen zu den beiden erwähnten Eisstopfungen gestanden, sondern sind unabhängig von denselben, durch jene andere Klasse von Eisstopfungen verursacht worden, welche sich im strömenden Wasser aus gewaltigen Treibeismassen zusammenballen, sobald sie durch irgend ein im Strom vorhandenes Hinderniss, in ihrer Fortbewegung gestört und aufgehalten werden.

Obwohl man die Stellen, wo sich derartige Eisstopfungen zu bilden pflegen, ziemlich genau kennt, so ist man doch nicht im Stande mit Sicherheit im Voraus zu sagen, ob die Eismassen sich dort oder an einer anderen Stelle festsetzen werden, so wenig wie man zu sagen

*) Im gegenwärtigen Frühjahr sind die Eisstopfungen auf der Unterelbe durch die Strombauverwaltung rechtzeitig zerstört und beseitigt worden.

vermag, wann und ob dies überhaupt geschehen wird; denn immerhin ist dabei die Mitwirkung unvorhergesehener Nebenumstände möglich. Auf jeden Fall ist diese Klasse von Eisstopfungen die gefährlichste; denn mit Explosionsstoffen kann man ihnen in der Regel nicht beikommen, da man nirgends festen Fuss auf denselben fassen kann, und in den meisten Fällen sind sie auch zu massig, um irgend mit Erfolg auf diesem Wege zerstört werden zu können; mit Schiffen aber darf man sich meistens nicht an sie heranwagen, denn nicht allein ist das ihnen gewöhnlich vorauseilende überschüssige Treibeis so reichlich vorhanden, dass jedes Fahrzeug willenlos von denselben fortgerissen und seinem Untergange entgegengeführt werden würde, sondern es ist auch die stete Gefahr vorhanden, dass dem Schiffe, während es an der einen Stelle arbeitet und Eisschollen losmacht, durch eine unterhalb entstehende Eisstopfung der Rückzug verlegt wird. Nicht immer werden die Verhältnisse so liegen wie bei den Eisstopfungen von Barförde und Strachau, von denen vorhergehend die Rede gewesen ist, an welche die Schiffe, ohne vom Treibeis behindert zu werden, herankamen und ihren Rückzug nach einem nahen Hafen nehmen konnten. Hätte die Barförder Eisstopfung etwa unterhalb Lauenburg, die Strachauer unterhalb Hitzacker gelegen, dann hätten im ersteren Falle die Schiffe nach Geesthacht, im letzteren nach Bleckede oden Boizenburg zurücklaufen müssen. In den ersten Tagen der Hochfluth hätte kein Schiff es wagen dürfen, die unter dem Einfluss derselben sich bildenden Eisanhäufungen anzugreifen, es würde höchst wahrscheinlich bei seiner Rückkehr das Fahrwasser verlegt gefunden haben.

So nützlich daher die eisbrechenden Schiffe zur Bekämpfung der feststehenden Eisstopfungen sind, so sind sie doch auch oft genug den im treibenden Strome sich ansammelnden Eisanhäufungen gegenüber machtlos und man darf sich daher nicht zu sehr auf dieselben verlassen. Zweckmässig wird es daher sein, das Uebel an seiner Wurzel anzugreifen, als welche die Sandablagerungen oder Geschiebe anzusehen sind, an welche sich die Eisanhäufungen zunächst anheften, um sich dann mehr und mehr auszubilden. Sämmtliche Eisstopfungen an der Unterelbe, von Geesthacht bis Kietz, die unter dem Einfluss andauernder Kälte entstandenen sowohl als die im treibenden Strome entstandenen, haben sich im vorigen Frühjahr nur an solchen Stellen gebildet, wo feststehende Geschiebe Verengungen oder Verkrümmungen in der Fahrrinne verursacht hatten und wo sie dann der Bewegung des Wassers hinderlich wurden. Es liegt daher nahe, dass man dieselben zu beseitigen bestrebt ist, was nur mittelst Baggerung geschehen kann, und neben den Eisschiffen wird man daher eine entsprechende

Anzahl Baggermaschinen in Thätigkeit setzen müssen, denen die Aufgabe zufällt, den Eisversetzungen den Boden zu entziehen, auf welchem sie bis jetzt ihr Gedeihen gefunden haben und auch fernerhin finden werden, wenn man die Geschiebe nicht fortschafft.

Deichpflege. Deichgefälle. Deichschutz. Binnendeiche.

Man wird sich wohl kaum noch irgendwo der Vorstellung hingeben, dass es möglich sei, die Deiche an der Unterelbe überall derartig zu erhöhen und zu befestigen, dass sie unter allen Umständen den eintretenden Hochfluthen zu wehren im Stande sind, aber man wird sich dadurch nicht abhalten lassen, alles mögliche zu thun, um ihre Widerstandsfähigkeit zu vermehren, und vor allen Dingen wird man dahin streben müssen, die Kappen oder Kronen der Deiche so herzurichten, dass sie dem überfallenden Wasser dauernden Widerstand zu leisten vermögen, damit, wenn nun einmal eine Ueberfluthung der Deiche nicht mehr abzuwenden ist, der Abfluss in die Niederungen langsam stattfinde, nicht aber nach verursachten Deichbrüchen in wildem Strome. Von welcher Wichtigkeit die Beschaffenheit der Deichkappen bei Hochwasserständen ist, hat sich im Frühjahre v. J. an der Unterelbe vielfach gezeigt. Es ist keineswegs durchaus nothwendig, dass dem Ueberlauf jedesmal Kappenbrüche folgen müssen, vielmehr haben wir gesehen, dass langausgedehnte Deichstrecken einen 12 bis 24 Stunden und darüber andauernden Ueberlauf ausgehalten haben, wie z. B. ein grosser Theil der Deiche auf der ganzen langen Strecke des Dorfes Besandten in der Wische, ferner die Deichstrecke von den Sandbergen bei Penkefitz bis zum Fährhause gegenüber Junker-Wehningen nebst vielen andern, und daraus geht denn zur Genüge hervor, dass gut befestigte Deiche den Ueberlauf des Wassers eine geraume Zeit vertragen können.

Selbstverständlich hängt die Widerstandsfähigkeit eines Deiches in hohem Grade von der Massigkeit seines Erdkörpers ab, ferner von der Beschaffenheit des Profils und des Materials, aus welchem er besteht, von dem Zustande, in welchem er erhalten wird und endlich von dem Schutze, der ihm durch menschliche Anstrengung und von der Natur, etwa durch Baumwuchs, zu Theil wird.

Von dem Werthe, den die Massigkeit des Erdkörpers in Beziehung auf die Haltbarkeit des Deiches hat, ist bereits bei Besprechung der Deichgefahr von Grippel die Rede gewesen, und in Betreff der Profile braucht nur daran erinnert zu werden, dass je schräger dieselben, sowohl nach aussen als nach innen, verlaufen, die Gefahr der Beschädigung durch Eis, durch Wellenschlag, Abspülung und Ueberlauf um so geringer ist. Auch auf das Material, aus welchem der Deich besteht, kommt es wesentlich an; Klai- und Lehmböden sind widerstandsfähiger als Sand, und es wird daher ganz besonders darauf gesehen, dass die Deiche wenigstens einen Mantel aus den erstgenannten Materialien bekommen; weniger Werth wird hie und da darauf gelegt, die Kappe mit schwerem Material zu beschütten, was insofern ungünstig ist, als die Entstehung eines Kappenbruches sehr oft auf eine geringfügige Ausspülung der oberen Sandschichte zurückzuführen ist. Am empfehlenswerthesten für die Beschüttung der Deichkappen würde Steinschlag sein, welcher bekanntlich selbst sehr heftigen Strömungen nicht weicht. Bei Besprechung der Ueberfluthung der Chausséen bei Dömitz und bei Junker-Wehningen sind zwei Beispiele dieser Art vorgeführt worden; an beiden Stellen war die Steinschlagdecke trotz der gewaltigen Strömung unversehrt geblieben. Dem Steinschlage am nächsten kommt schwerer Grand, aber beide Materialien sind immerhin kostspielig.

Selbstverständlich beruht sehr viel auf der guten Unterhaltung der Deiche, und vor allem wichtig ist die Herstellung und sorgfältige, ja peinliche Unterhaltung eines kontinuirlich gleichbleibenden Gefälles der Deichkappen oder Deichkronen, welche weder durch Einschnitte noch durch Einsenkungen gestört sein dürfen. Jede Einsenkung wirkt nachtheilig sobald der Deich Ueberlauf hat und zwar aus dem einfachen Grunde, weil die niedriger belegene Stelle von einer gesteigerten Stromgeschwindigkeit getroffen wird, wobei annähernd das Gesetz gilt, dass sich die Stromgeschwindigkeiten verhalten, wie die Quadratwurzeln aus den Druckhöhen, was bei einer Ueberlaufshöhe von 20 cm und einer Einsenkung von 10 cm beiläufig 25 % betragen würde. Es ist also einleuchtend, dass durch jede Einsenkung und jeden Einschnitt in der Deichkappe, die Gefahr eines Bruches erheblich vermehrt wird, und es kann daher nicht genug darauf gedrungen werden, dass die Stromdeiche einer und derselben Uferlinie gleiches relatives Gefälle haben sollen. Es ist Thatsache, dass einige der vorgekommenen Kappenbrüche, durch schwachen Ueberlauf an einer ausgetieften Stelle, zumal wo Ueberfahrten lagen, eingeleitet worden sind, andere hat man mit vieler Mühe auszugleichen vermocht. Erst wenn ein kontinuirlich gleichbleibendes Gefälle hergestellt ist, werden die Deiche selbst längere Zeit den Ueberlauf des Wassers aushalten und diesem Ziele wird man also nachzustreben haben. Ob es jemals ganz erreicht werden wird, mag dahingestellt bleiben, aber jedenfalls wird nichts versäumt werden dürfen, um demselben möglichst nahe zu kommen. Unerlässliche Bedingung aber ist dabei, dass die Regulirung der Deichhöhen für weite Strecken in eine, mit wirksamer Exekutive ausgestatte Hand gelegt werde.

Nun noch einige Worte über die Binnendeiche.

Die Anlegung von Binnendeichen ist besonders zur Zeit der hochgradigen Erregung im vorigen Frühjahr, als beinahe unsere sämmtlichen grossen Ströme ihre Fesseln gesprengt hatten, von verschiedenen Seiten empfohlen worden, wobei man davon ausging, dass dieselben den in die Niederungen einbrechenden Fluthen unter fast allen Umständen würden eine Grenze setzen können.

Auf den ersten Blick scheint dies auch richtig zu sein, aber in dem Ueberschwemmungsgebiete der Elbe vom vorigen Frühjahr, haben die Binnendeiche nicht viel Gutes geleistet.

In der Lenzer Wische ging das Wasser über den Achter- und Südwendedeich weg und brach dieselben an mehreren Stellen; dann brach es den Damm vor dem Gr. Schmölener Brack und den Eisenbahndamm hinter der dortigen Düne, bahnte sich einen Weg zwischen der Ziegelei und dem Kirchhofe bei Dömitz, fiel dann über die Eldedeiche, die es an mehreren Stellen fortriss, brach den Roggenfelder Deich bei Dömitz und endlich überlief und brach es den Wendisch-Wehninger Schafdamm von 1834 und den alten Schafdamm an der Landesgrenze.

Das Darchauer Wasser zerstörte an mehreren Stellen die nördliche Deichlinie der Teldau, brach den Schafdamm bei Besitz, was für Blücher verhängnissvoll wurde, und in der Dannenberger Marsch fiel es über den Jeetzeldeich und brach denselben an verschiedenen Stellen.

Das genügt, um den Werth der Binnenlandswehre gegenüber einer Hochfluth messen zu lernen, und der Umstand, dass dieselben oftmals das Wasser eine Zeit lang aufhalten, um es dann mit verdoppelter Gewalt weiter stürzen zu lassen, genügt, um dieselben unter Umständen fürchten zu lernen.

Als Schutzdeiche darf man also die Binnendeiche des vorjährigen Ueberschwemmungsgebietes der Elbe von 1888 nicht ansehen, sobald ausserordentliche Ereignisse eintreten. Ob dieselben jemals einem eigentlichen Poldersystem weichen werden, das allerdings die besten Garantien für den innern Schutz gegen Wasserverheerungen darbietet, ist bei den Bodenverhältnissen der in Rede stehenden Gebiete sehr fraglich.

Erhöhte Wohnplätze. Gebäude. Mobilmachungsplan. Wasserzeichen.

So wenig verlässlich die Binnendeiche bei der vorjährigen Hochfluth gewesen sind, so verlässlich haben sich die Erhöhungen erwiesen, auf denen man in den Niederungen Wohnstätten errichtet hat.

In Predöhl und Penkefitz, in Mödlich und in einigen anderen sehr niedrig belegenen Ortschaften haben sie den Bewohnern vielfach als Zufluchtsstätten gedient.

Leider sind sie bei weitem nicht so allgemein in Anwendung gebracht, als dies wünschenswerth ist, wobei als Hauptschwierigkeit die bedeutenden Kosten auftreten, welche zur Errichtung erhöhter Wohnplätze im Innern der Niederungen erforderlich sind. Es wäre sehr dankenswerth, wenn man einen Theil der in so reichlichem Maasse zusammengebrachten Mittel dazu verwenden möchte, die Anlegung von Hügeln zu fördern, theils zur Anbringung von Gebäuden auf denselben, theils um sie im Falle der Noth als Zufluchtsstellen zu benutzen.

Was nun die Gebäude im Elbüberschwemmungsgebiete betrifft, so musste es jedem, der nach Abgang des Wassers dasselbe besuchte, auffallen, dass die Häuserschäden nicht grösser gewesen sind, als sie thatsächlich waren. Die Anzahl der eingestürzten Häuser oder solcher, welche in Folge erheblicher Beschädigungen haben abgebrochen werden müssen, ist eine verschwindend kleine, was sich zum grossen Theil daraus erklärt, dass die Mehrzahl der Ortschaften nicht von heftigen Strömungen getroffen, sondern durch langsam anrückendes Wasser überschwemmt worden ist; zum andern Theil aber erklärt es sich daraus, dass die meisten Gebäude aus Fachwerk erbaut sind. Der Fachwerksbau wird nämlich in der Regel bei weitem nicht so heftig durch Ueberfluthungen mitgenommen als der Massivbau. Während die Wände des letzteren, bei etwaigen Unterspülungen an den Fundamenten, nothwendigerweise einstürzen müssen, wird der Fachwerksbau meistens nur die unteren Fachwerkstafeln verlieren, und das Holzgerüst wird auch dann noch durch die Schwellen und den Zusammenhang, den es in sich selbst hat, soviel Halt bewahren, dass es sogar nach erheblichen Beschädigungen an den Fundamenten stehen bleibt, wie es denn auch, wenn etwa Verschiebungen vorgekommen sind, meistens möglich ist, das Gerüst in die vorige Lage wieder einzurücken. Dazu kommt, dass strömendes Wasser das Gebäude nicht mehr in grosse Gefahr bringt, sobald die unteren Fachwerkstafeln, oder auch nur einige derselben, die man unter Umständen auch selbst herausschlagen kann, entfernt sind, indem das Wasser nun die Fundamente nicht mehr so heftig angreift wie zuvor; der Massivbau dagegen wird durch den um denselben herumwirbelnden Strom, oft binnen sehr kurzer Zeit bis zu so erheblichen Tiefen unterwaschen, dass der Einsturz der Aussenmauern unausbleiblich ist.

Wahrscheinlich sind es Erfahrungen solcher Art, welche die Niederungsbewohner bestimmt haben, bis jetzt im Allgemeinen dem Fachwerksbau den Vorzug zu geben, denn in der That gehört, wie gesagt, die überwiegende Mehrzahl der dortigen Häuser diesem letzteren an.

Da ich diesen Gegenstand in der »Deutschen Bauzeitung« vom 5. December 1888 No. 97 bereits ausführlich behandelt habe, so beschränke ich mich hier auf das soeben Gesagte.

Zum Schluss möge noch einmal darauf hingewiesen werden, wie ausserordentlich wichtig es ist, dass sich die Ortsbewohner über die Höhenlage der einzelnen Häuser und Gehöfte orientiren und sich über diejenigen der Wege in Kenntniss erhalten, welche bei gewissen Wasserständen passirbar bleiben oder unpassirbar werden; auch müssten sie diejenigen Punkte in der Feldmark kennen, welche bei Hochfluthen vom Wasser nicht erreicht werden. Wären die Bewohner von Heidhof, Heiddorf und Gr. Schmölen nach dieser Richtung hin gut unterrichtet gewesen, dann hätten sie nicht nach andern Dörfern zu flüchten brauchen, sondern hätten sich auf diejenigen Hofstellen des eigenen Dorfes zurückziehen können, die in der That vom Wasser nicht erreicht worden sind, und Aehnliches gilt von einer Anzahl anderer Dörfer.

Gleich wichtig ist ein gutes Nachrichtenwesen. Hätten z. B. die Einwohner von Seedorf an der Löcknitz und von Blücher rechtzeitig von dem Anrücken der Fluth benachrichtigt werden können, dann hätte das Unglück beide Dörfer nicht so empfindlich getroffen, wie es jetzt der Fall war.

Ein Uebelstand war es, dass im vorigen Frühjahr nicht überall für gutes Schutzmaterial gesorgt war; namentlich fehlte es stellenweise an jenen glatt und rund bearbeiteten starken Kiefern- und Fichtenstangen, welche an die Deiche angelehnt werden, um an Stellen wo eine Beschädigung der Böschung durch Eis zu befürchten ist, letzteres zum Aufsteigen auf den Deich zu zwingen, wo es dann gewöhnlich zusammenbricht und sich selbst den Weg verlegt. Ueberaus wichtig ist es, dieses Material dort bereit zu halten, wo neue Deiche hergestellt sind; denn den Böschungen fehlt hier selbstverständlich die Narbe, und wenn auch die ersteren durch Bespreitung mit Busch gegen Wellenschlag hinreichend verwahrt sind, so bedürfen sie doch auch des Schutzes gegen etwa andringendes Eis, das sich schwer an den mit Buschwerk bezwickten Böschungen in die Höhe schiebt, vielmehr sich leicht in dieselben einbohrt und sie entweder verwundet oder gar durch den Deich hindurchdringt.

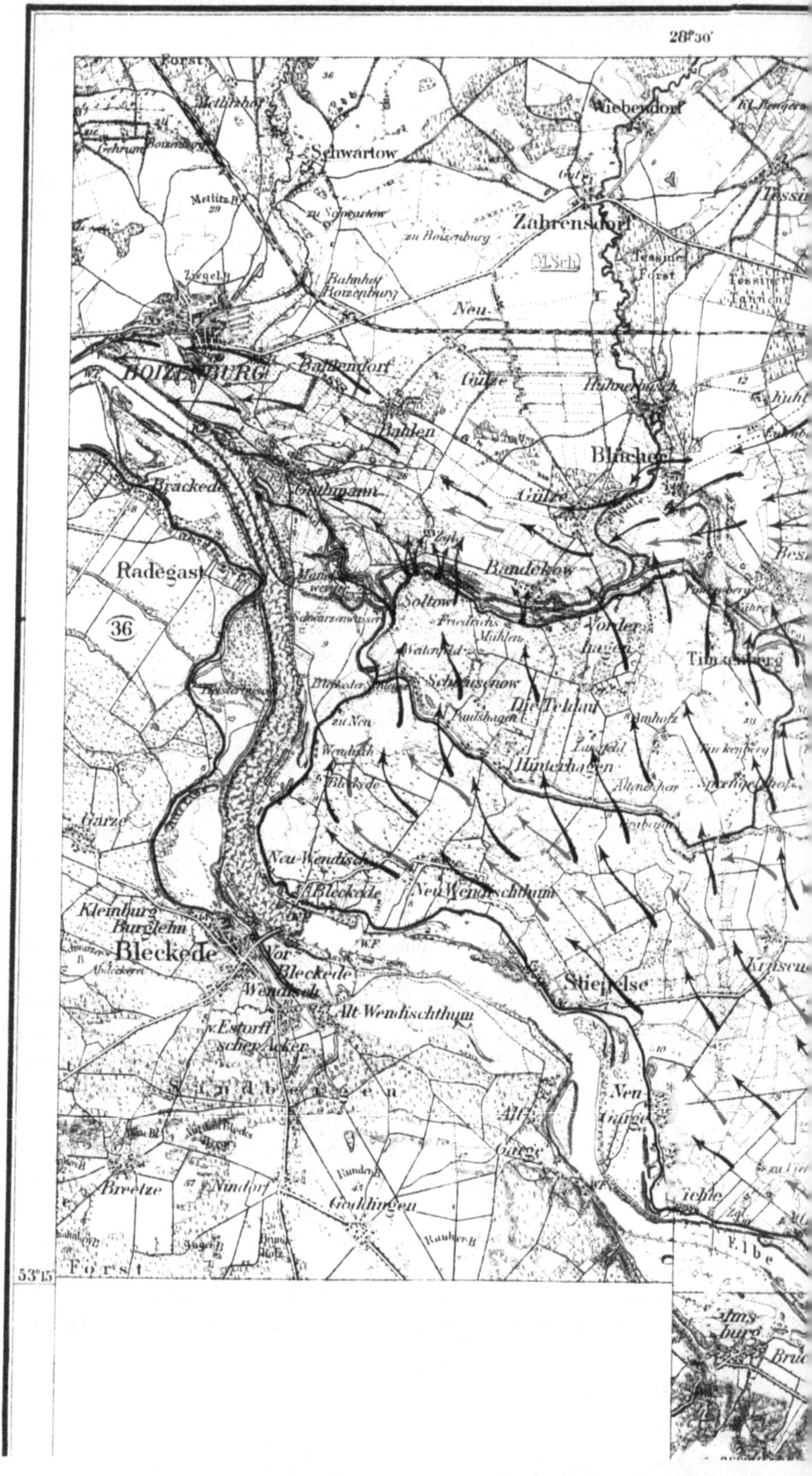

28°30'
Wiebendorf
Schwartow
Zahrensdorf
zu Boizenburg
Bahnhof Boizenburg
Bahlen
Blücher
Gülze
Radegast
36
Bandekow
Soltow
Schwartow
Die Teldau
Hinterhagen
Neu-Wendischthun
Kleinburg
Burglehn
Bleckede
Alt-Wendischthun
Stiepelse
Breetze
Nindorf
Göddingen
Elbe
53°15'
Forst

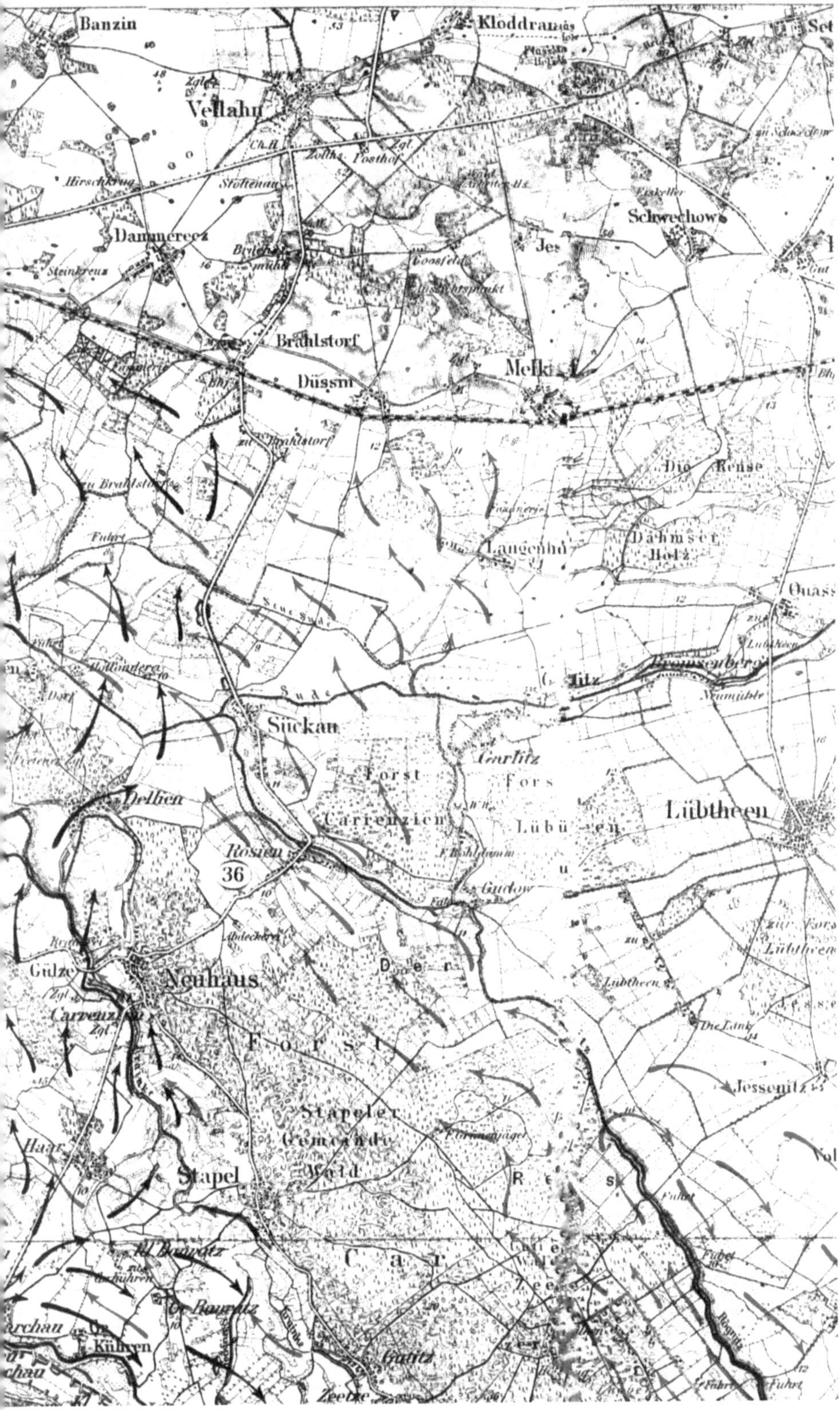

Banzin
Vellahn
Dammereez
Brahlstorf
Düssin
Schwechow
Die Rense
Dähmser Holz
Sude
Sückau
Forst Carrenzien
Garlitz
Rosien
36
Lübtheen
Gudow
Gülze
Neuhaus
Stapeler Gemeinde Wald
Stapel
Haar
Jessenitz

Grammitz
Hof Grammitz
Pätow
Steegen
Pritzier
Warlitz
Goldenitz
Kuhstorf
Kirchhof
Eichho
Bresegard
Neuenrode
Die Rense
Gösslow
Bandekow
Redefin
Gr. Krams
Picher
Alt Krenzlin
Lübbendorf
Ramm
Probst Jesar
Forst
Loosen
Trebs
Volzrader Wald
Quast
Leussow
Karelmoor
Benzer
Wald
Jabel
Laupin
Benz
Vielank
Niendorf
Neu Grebs

Karte
der
Deichbrüche u. Strömungen
im
Überschwemmungsgebiete
der
ELBE
im Frühjahr 1888.

von

von Binzer.

HAMBURG

L. Friederichsen & Co

.and-u. Seekartenhandlung.

Maßstab $\frac{1}{100000}$ der natürl. Länge.

1000 500 0 1000 2000 3000 4000 5000 6000 7000 8000 Meter 8 Kilometer

1000 500 0 1000 2000 3000 4000 5000 6000 7000 8000 9000 10000 Schritte.

ANMERKUNG: *Dieser Karte ... gen mit Erlaubniss der Kartographischen Abtheilung der Kgl. Preussischen Landes-Aufnahme die b...treffenden Sectionen der Karte des Deutschen Reichs im Maasstabe von 1:100 000 zu Grunde.*

53°15'

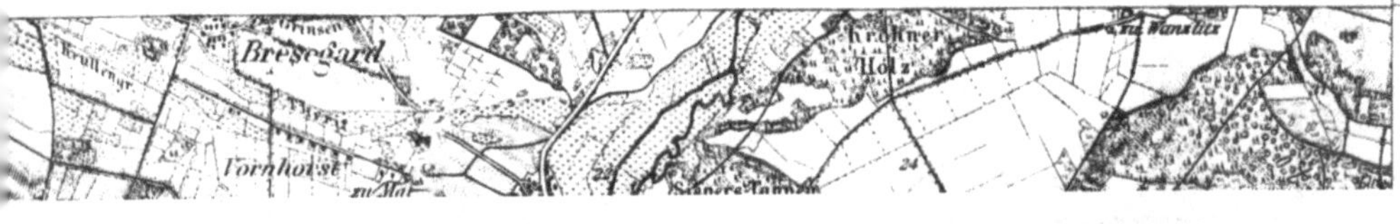

Zeichen- und Farben-Erklärung.

Hochwasserdeiche

Sommerdeiche

Hauptbruch

Kleiner Bruch

Deich mit Überlauf

Eisstopfung

Stromrichtung

Die Zahlen geben die Höhen über Normal-Null in Metern an.

Das Mittelwasser der Ostsee am Pegel zu Swinemünde

liegt 0,02 Meter unter Normal-Null.

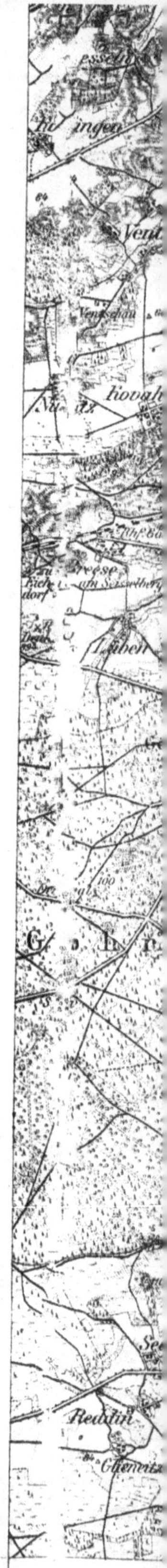

Zeetze
Vockfey
Stixe
36
Caarssener Wald
Drethem
Witzetze
Forst
Leit
stade
Meudelfitz
Herrenhof
Brandstade
Govelin
Tollendorf
Hager
Bredenbock
Metzingen
Collase
Plumbohm
Wedderien
Forst
Lenzen
Nausen
Carwitz
Dragahn
Schmarsau
Lebbien
Niestedt
Streetz
Zügau
Bellahn
Mützingen
Wibbese
Mehlfien
Redemoissel
Gamehlen

Neu
Jabel
Woosmer
M.Sch.
Forst
Schlesin
Bockup
Raddenfort
Heiddorf
Tripkau
Heid
Heid
hof
Wehningen
Bohnenburg
Wilkensdorf
Raffatz
Jasebeck
Landsatz
Barnitz
Wehningen
Wisch
blenk
Wiesen
Penkefitz
Dammatz
Brandleben
Seedorf
Predöhl
Damnebeck
Gümse
Breese
Quickborn
Seybruch
Cacherin
Grabau
Nebenstedt
Langendorf
Buchow
38
191
Besand
Bückau
Prabstorf
Siemen
Zadrau
Langenhorst
Heide
Laase
Gripp

Berliner lithogr. Institut

FSC
www.fsc.org
MIX
Papier | Fördert gute Waldnutzung
FSC® C083411

Zeitfracht Medien GmbH
Ferdinand-Jühlke-Straße 7
99095 Erfurt, Deutschland
produktsicherheit@kolibri360.de